統計的学習理論

Statistical Learning Theory

金森敬文

講談社

■ 編者
杉山　将　博士（工学）
理化学研究所 革新知能統合研究センター　センター長
東京大学大学院新領域創成科学研究科 教授

■ シリーズの刊行にあたって

　インターネットや多種多様なセンサーから，大量のデータを容易に入手できる「ビッグデータ」の時代がやって来ました．現在，ビッグデータから新たな価値を創造するための取り組みが世界的に行われており，日本でも産学官が連携した研究開発体制が構築されつつあります．

　ビッグデータの解析には，データの背後に潜む規則や知識を見つけ出す「機械学習」とよばれる知的データ処理技術が重要な働きをします．機械学習の技術は，近年のコンピュータの飛躍的な性能向上と相まって，目覚ましい速さで発展しています．そして，最先端の機械学習技術は，音声，画像，自然言語，ロボットなどの工学分野で大きな成功を収めるとともに，生物学，脳科学，医学，天文学などの基礎科学分野でも不可欠になりつつあります．

　しかし，機械学習の最先端のアルゴリズムは，統計学，確率論，最適化理論，アルゴリズム論などの高度な数学を駆使して設計されているため，初学者が習得するのは極めて困難です．また，機械学習技術の応用分野は非常に多様なため，これらを俯瞰的な視点から学ぶことも難しいのが現状です．

　本シリーズでは，これからデータサイエンス分野で研究を行おうとしている大学生・大学院生，および，機械学習技術を基礎科学や産業に応用しようとしている大学院生・研究者・技術者を主な対象として，ビッグデータ時代を牽引している若手・中堅の現役研究者が，発展著しい機械学習技術の数学的な基礎理論，実用的なアルゴリズム，さらには，それらの活用法を，入門的な内容から最先端の研究成果までわかりやすく解説します．

　本シリーズが，読者の皆さんのデータサイエンスに対するより一層の興味を掻き立てるとともに，ビッグデータ時代を渡り歩いていくための技術獲得の一助となることを願います．

2014 年 11 月

「機械学習プロフェッショナルシリーズ」編者
杉山 将

■ まえがき

　本書の目標は，機械学習アルゴリズムの統計的性質に関する理論を詳解することです．そのために，主に (a) 一様大数の法則，(b) 普遍カーネル，(c) 判別適合的損失の3項目について解説しています．国内外の著作では (a) について多くの記述があります．最近出版された *Foundations of Machine Learning* (Mohri 他，MIT Press, 2012) では，ラデマッハ複雑度を主軸にして (a) について見通しのよい理論を展開しており，本書の執筆でも参考にしています．一方，現在までのところ (b)，(c) を体系的に解説した著作はほとんどありません．本書では，とくに (c) の判別適合的損失を主要なテーマの1つとしています．なお，学習アルゴリズムの計算手法や実装については，本シリーズの『サポートベクトルマシン』などを参照していただくのがよいでしょう．

　本書は数学的な記述スタイルになっていますが，数学や数理工学分野の学科で，大学3年生程度までの解析系の科目をしっかりと修得していれば，読み通すのに大きな困難はないでしょう．証明に関して，凸解析などで発展している一般的な理論的結果はあまり援用せず，初等的に説明することを心掛けました．これらの点について，読者の方々の御批判や御助言を待ちたいと思います．

　最後に，執筆を勧めてくださった杉山将先生，原稿を精読し，多くの貴重なコメントを下さった竹之内高志先生，熊谷亘先生に厚くお礼申し上げます．また講談社サイエンティフィクの慶山篤氏には，本書の出版に関しまして終始お世話になりました．ここに深謝いたします．

2015年7月

金森敬文

■ 目 次

- シリーズの刊行にあたって iii
- まえがき iv
- 記号リスト viii

第 1 章　統計的学習理論の枠組 1

1.1　問題設定 1
　　1.1.1　判別問題 3
　　1.1.2　回帰問題 5
　　1.1.3　ランキング問題 5
1.2　予測損失と経験損失 7
1.3　ベイズ規則とベイズ誤差 9
1.4　学習アルゴリズムの性能評価 12
1.5　有限な仮説集合を用いた学習 14
　　1.5.1　予測判別誤差の評価 14
　　1.5.2　近似誤差と推定誤差 17
　　1.5.3　正則化 18

第 2 章　仮説集合の複雑度 20

2.1　VC 次元 20
2.2　ラデマッハ複雑度 25
2.3　一様大数の法則 32
2.4　タラグランドの補題の証明 35

第 3 章　判別適合的損失 37

3.1　マージン損失 37
3.2　判別適合的損失 40
3.3　判別適合性定理：凸マージン損失 45
3.4　判別適合性定理：一般のマージン損失 49

第 4 章　カーネル法の基礎 54

4.1　線形モデルを用いた学習 54
4.2　カーネル関数 57
4.3　再生核ヒルベルト空間 60

		4.3.1 カーネル関数から生成される内積空間	60
		4.3.2 内積空間の完備化	61
		4.3.3 再生核ヒルベルト空間とカーネル関数	64
		4.3.4 ヒルベルト空間の分類と再生核ヒルベルト空間	67
	4.4	表現定理	69
	4.5	再生核ヒルベルト空間のラデマッハ複雑度	70
	4.6	普遍カーネル	72

第 5 章　サポートベクトルマシン　79

5.1	導入	79
5.2	ヒンジ損失	80
5.3	C-サポートベクトルマシン	81
	5.3.1 C-サポートベクトルマシンの最適性条件	82
	5.3.2 サポートベクトル	84
	5.3.3 サポートベクトル比と予測判別誤差	86
	5.3.4 予測判別誤差の上界	88
	5.3.5 統計的一致性	93
5.4	ν-サポートベクトルマシン	97
	5.4.1 ν-サポートベクトルマシンの性質	98
	5.4.2 双対表現と最小距離問題	101
	5.4.3 予測判別誤差の評価と統計的一致性	104

第 6 章　ブースティング　110

6.1	集団学習	110
6.2	アダブースト	112
6.3	非線形最適化とブースティング	114
	6.3.1 座標降下法によるブースティングの導出	114
	6.3.2 重み付きデータによる学習と一般化線形モデル	117
6.4	アダブーストの誤差評価	120
	6.4.1 経験判別誤差	120
	6.4.2 予測判別誤差	122

第 7 章　多値判別　126

7.1	判別関数と判別器	126
7.2	ラデマッハ複雑度と予測判別誤差の評価	127
7.3	判別適合的損失	132
7.4	損失関数	135
	7.4.1 多値マージン損失	135
	7.4.2 判別適合的損失の例	137
7.5	統計的一致性	141
7.6	多値判別における判別適合性定理の証明	146

付録 A	確率不等式		153

付録 B	凸解析と凸最適化		158
B.1	凸集合		158
B.2	凸関数		161
B.3	凸最適化		165

付録 C	関数解析の初歩		169
C.1	ルベーグ積分		169
C.2	ノルム空間・バナッハ空間		170
C.3	内積空間・ヒルベルト空間		171

- 参考文献 177
- 索 引 179

■ 記号リスト

- $\mathbb{R}$：実数の集合，$\mathbb{R}_{\geq 0}$：非負実数の集合，$\mathbb{N}$：自然数の集合
- $\|\cdot\|$：2-ノルム
- $\|\cdot\|_1$：1-ノルム
- $\|\cdot\|_\infty$：∞-ノルム
- $\|\cdot\|_\mathcal{H}$：再生核ヒルベルト空間 $\mathcal{H}$ 上の内積から定まるノルム
- $|S|$：集合 S の要素数
- $\mathbf{1}[A] = 1\,(A\text{ が真})$, $0\,(A\text{ が偽})$：定義関数
- $\mathrm{sign}\,(x) = +1\,(x \geq 0)$, $-1\,(x < 0)$：符号関数
- $\ell_{\mathrm{err}}(\widehat{y}, y) = \mathbf{1}[\widehat{y} \neq y]$：0-1 損失
- $\phi_{\mathrm{hinge}}(m) = \max\{1 - m, 0\}$：ヒンジ損失
- $\Phi_\rho(m) = 1\,(m \leq 0)$, $1 - m/\rho\,(0 \leq m \leq \rho)$, $0\,(\rho \leq m)$
- $yf(x)$：判別関数 $f : \mathcal{X} \to \mathbb{R}$ に対する (x, y) における 2 値マージン
- $\mathrm{mrg}(f; x, y) = f(x, y) - \max\limits_{y' : y' \neq y} f(x, y')$：多値マージン

損失・誤差 (経験損失・経験誤差には $\widehat{}$ を付ける)

- $R_{\mathrm{err}}(f) = \mathbb{E}[\mathbf{1}[Y \neq \mathrm{sign}\,(f(X))]]$：予測判別誤差
- $R_{\mathrm{err}}^* = \inf_{f : 可測} R_{\mathrm{err}}(f)$：0-1 損失のもとでのベイズ誤差．
  ベイズ規則 h_0 が存在するとき，$R_{\mathrm{err}}^* = R_{\mathrm{err}}(h_0)$ が成立

- 予測損失
  - 予測 ϕ-損失 (2 値)：$R_\phi(f) = \mathbb{E}[\phi(Yf(X))]$
  - 予測 Ψ-損失 (多値)：$R_\Psi(f) = \mathbb{E}[\Psi(f; X, Y)] = \mathbb{E}[\Psi(f(X), Y)]$

- 経験マージン判別誤差
  - 2 値：$\widehat{R}_{\mathrm{err},\rho}(f) = \frac{1}{n}\sum_{i=1}^n \mathbf{1}[y_i f(x_i) < \rho]$
  - 多値：$\widehat{R}_{\mathrm{mrg},\rho}(f) = \frac{1}{n}\sum_{i=1}^n \mathbf{1}[\mathrm{mrg}(f; x_i, y_i) < \rho]$

- 予測 Φ_ρ-マージン損失
  - 2 値：$R_{\Phi,\rho}(f) = \mathbb{E}[\Phi_\rho(Yf(X))]$
  - 多値：$R_{\Phi,\rho}(f) = \mathbb{E}[\Phi_\rho(\mathrm{mrg}(f; X, Y))]$

Chapter 1

統計的学習理論の枠組

本章では，統計的学習理論を展開するために必要となる，いくつかの用語や概念について説明します．

1.1 問題設定

　過去の経験を将来の意思決定や予測などに役立てようとするとき，いままで起こった事柄と，将来起こりそうな事象の間に何らかの関係がなければなりません．過去と未来が全く関連しないという状況では，経験は役に立たないことになります．一方で，過去に起こった事柄と全く同じことが将来起こるということは，ありそうにありません．全く同じではないにしても，過去と似たような事柄が将来にも起こるという状況を適切に記述することができれば，過去の経験に基づく意思決定によって得られる利得や将来の予測の精度などを，適切に評価することができるでしょう．また，より精度の高い予測法などを提案することも可能になります．

　以上のような過去の経験と将来の出来事との間の「緩いつながり」を記述する言葉として，現時点では確率論や統計学が用いられ，一定の成果を収めています．過去と将来の間にどのような関連を仮定できるか，また何を目標とするのかによって，さまざまな問題設定が考えられ，確率的な問題として定式化されます．

　このようにして定式化された問題を解いて，観測された事象から役に立つ情報を抽出し利用することを，本書では「学習する」と表現します．「学習」

は，統計学における推定や予測とほぼ同義語ですが，アルゴリズム的な視点により重点が置かれていることに特徴があります．

まず，学習における問題設定を記述するための用語を以下のように定めます．

データ (data)： 観測によって得られる情報をデータといいます．一般に数値的に表現されます．たとえば 8×8 画素の画像データは，1 ピクセルの濃淡を実数値で表すとき，64 次元空間の 1 点 (ベクトル) として表せます．また，テキストデータでは，各単語が出現する頻度を並べたベクトルを用いることがあります．この場合には想定する単語の種類数がベクトルの次元となるので，1000 次元程度のデータを扱うこともあります．

過去の観測を通してすでに手元にある情報だけでなく，将来得られる情報にもデータという用語を用います．

学習データ (training data)： 学習に用いられるデータを学習データといいます．狭義には，以下に示す仮説のパラメータなどを推定するために直接用いられるデータを指します．

検証データ (validation data)：学習結果の性能を検証するためのデータを検証データといいます．主に，学習アルゴリズムに含まれる正則化パラメータとよばれるパラメータなどを調整するために用いられます．

観測データ (observed data)： 観測されたデータを観測データといいます．通常，学習データと検証データを合わせたデータを指します．検証データを用いないときは，観測データすべてが学習データとなります．観測データを単にデータということもあります．

テストデータ (test data)： 学習アルゴリズムの予測精度を評価するためのデータをテストデータといいます．実際のデータ解析では，学習データと検証データはすでに観測され利用可能ですが，テストデータは将来に観測されるデータと想定されます．多くの場合，テストデータに対して高い予測精度を達成することが，学習における主要な目標になります．数値実験などでベンチマークデータを用いて学習アルゴリズムの性能を評価する場合には，まずデータを学習データ，検証用データ，テストデータに分け，最初の 2 つのデータセットで学習を行い，テストデータで学習結果の性能を評価します．

入力データ (input data)・出力データ (output data)・ラベル (label)： データが入力と出力の組で表されるとき，データの入力部分を入力データ，出力部分を出力データといいます．入力が x，出力が y のとき，入出力データを (x, y) と表します．入力 x がとり得る値の集合を**入力空間 (input space)** といい，本書では通常 $\mathcal{X}$ と表します．また出力値の集合を $\mathcal{Y}$ とします．出力データが有限集合に値をとるとき，その値をラベルといいます．とり得るラベルが 2 種類のとき，入出力データ (x, y) を 2 値データといい，ラベルが 3 種類以上のとき多値データといいます．

仮説 (hypothesis)： 入力空間から出力集合への関数を仮説といい，仮説の集合を**仮説集合 (hypothesis set)** といいます．学習アルゴリズムを，学習データもしくは観測データを仮説に変換する関数とみなすこともできます．

判別器 (classifier)・判別関数 (discriminant function)： 有限集合に値をとる仮説を判別器とよびます．判別器を記述するために用いられる実数値関数やベクトル値関数を，判別関数といいます．たとえば出力が 2 値ラベルのとき，判別関数 $f: \mathcal{X} \to \mathbb{R}$ を用いて判別器 $h: \mathcal{X} \to \{+1, -1\}$ を $h(x) = \mathrm{sign}(f(x))$ と表します．判別関数を用いることで，仮説集合のモデリングや記述が簡単になることがあります．

損失関数 (loss function)： 出力値と予測結果の間の誤差を測る関数を損失関数といいます．損失関数の値が大きいほど，誤差や損失が大きいことを意味します．通常，損失関数を単に損失といいます．

観測データから適切な仮説を学習するアルゴリズムを設計することが，機械学習とよばれる研究分野の主要なテーマです．また**統計的学習理論 (statistical learning theory)** とは，学習アルゴリズムにより得られる仮説の予測精度を評価し，性能を向上させるための指針を与える理論的枠組です．

以下で，統計的学習理論で扱う代表的な問題設定を紹介します．

1.1.1 判別問題

出力が有限集合 $\mathcal{Y}$ のラベルに値をとるとき，入力データから対応するラベルを予測する問題を**判別問題 (classification problem)** といいます．ラベルの候補が 2 種類 ($|\mathcal{Y}| = 2$) のとき **2 値判別問題 (binary classification prob-

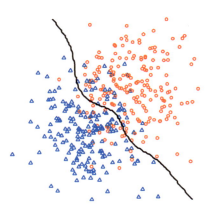

図 1.1 2 値判別問題の例. 学習データの散布図と判別境界. 出力ラベルは色分けして表示.

lem), 3 種類以上 ($|\mathcal{Y}| \geq 3$) のとき**多値判別問題** (multiclass classification problem) といいます. 図 1.1 に 2 値判別問題における学習データの例を示します. データからラベルを予測するための判別境界を学習します. 2 値判別のための学習アルゴリズムであるサポートベクトルマシンやブースティングなどが, 機械学習における基本的な学習アルゴリズムとして広く応用されています. 本書では, 主に判別問題を扱います.

判別問題の例としては, 迷惑メールの分類が代表的です. 入力データはメールのテキストデータからなり, 出力ラベルは迷惑メール ("spam") と通常メール ("non-spam") の 2 種類です. 予測ラベルを $\widehat{y}$, 真のラベルを y とするとき, 代表的な損失関数として, 以下の式で定義される **0-1 損失** (0-1 loss) があります.

$$\ell_{\mathrm{err}}(\widehat{y}, y) = \mathbf{1}[\widehat{y} \neq y] = \begin{cases} 1, & y \neq \widehat{y}, \\ 0, & y = \widehat{y}. \end{cases} \tag{1.1}$$

また, 損失が真のラベル y に依存する場合もあります. たとえばクレジットカード会社が, 顧客の購買履歴から将来の支払いが可能かどうかを判別する場合を考えます. 支払い可能な顧客を支払い不可能とする間違いと, 支払い不可能な顧客を支払い可能とする間違いでは, 被る損失が異なります. この場合は 0-1 損失を拡張した損失

$$\ell(\widehat{y}, y) = \begin{cases} \ell_y, & y \neq \widehat{y}, \\ 0, & y = \widehat{y} \end{cases}$$

を考えることで，非対称な損失に対処することができます．適切に ℓ_y の値を定めることで，単に間違いの数ではなく，目的に則した損失を小さくするように学習を行うことができます．

1.1.2 回帰問題

出力が実数値をとるとき，入力データから出力を予測する問題を**回帰問題** (regression problem) といいます[*1]．たとえば株価や電力需要の予測などは，回帰問題として扱うことができます．判別問題とは異なり，出力と完全に一致する値を予測することは，通常できません．このため，予測の精度を測る損失関数として2乗損失がよく用いられます．**2乗損失** (squared loss) は，真の出力 y に対する予測値が $\widehat{y}$ のとき

$$\ell(\widehat{y}, y) = (\widehat{y} - y)^2$$

と定義されます．図 1.2 に学習データの例を示します．適当な統計モデルを設定し，2乗損失のもとで最適な関数を学習します．この結果を用いて，将来の入力 x に対する出力 y の値を予測します．

1.1.3 ランキング問題

2つの入力データの組 $(x, x') \in \mathcal{X}^2$ に対して，x のほうが x' より好ましければ $y = +1$，そうでなければ $y = -1$ という出力ラベルが観測されるとします．すなわち入出力データとして (x, x', y) が得られるとします．**ランキング問題** (ranking problem) では，このようなデータから，x のほうが好ましければ $h(x) > h(x')$，そうでなければ $h(x) \leq h(x')$ となるような関数 $h : \mathcal{X} \to \mathbb{R}$ を学習します．入力 x, x' に対応する関数値を $h_1 = h(x)$, $h_2 = h(x')$ とするとき，$\widehat{h} = (h_1, h_2) \in \mathbb{R}^2$ と出力ラベル $y \in \{+1, -1\}$ に対する損失として，0-1 損失

[*1] 出力の種類が有限かどうかによらず，入出力関係を推定する問題を扱う場合を一般に回帰分析ということもあります．

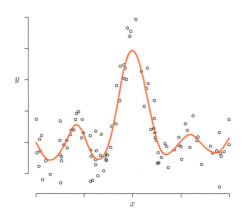

図 1.2 回帰分析の例.学習データの散布図と学習された関数.

$$\ell(\widehat{h}, y) = \begin{cases} 1, & y(h_1 - h_2) \leq 0, \\ 0, & \text{その他} \end{cases}$$

などが用いられます.入力 (x, x') に対するラベル y を $h(x) - h(x')$ の符号で予測すると解釈すれば,損失 $\ell(\widehat{h}, y)$ のもとでランキング問題を判別問題として扱うことができます.より一般に,複数の入力データ $(x_1, x_2, \ldots)$ が与えられたとき,出力 y として,入力データ間の選好に関する半順序関係を表す有向グラフを考えることもあります.

例としてウェブ検索を考えます.ある検索ワードに対して,検索エンジンが検索結果のページの一覧 $(x_1, x_2, \ldots)$ を返します.このとき,ユーザーが選んだページ x_i は,他のページより好ましいことになります.ユーザーの選好を考慮することで,好ましいと予想されるページをより上位に表示するなど,利便性を高めることができます.他の例として,コンピュータによる将棋の対戦があります.候補となる手の善し悪しを判定する問題はランキング問題として定式化されます.選好を表す関数 $h(x)$ をデータ (過去の棋譜) から学習することで,コンピュータ将棋の棋力が近年大きく上昇しています.

1.2 予測損失と経験損失

統計的学習理論では，主に予測損失と経験損失の2種類の損失を扱います．これらの損失の関係を調べることで，学習アルゴリズムの予測精度などを定量的に評価することができます．それぞれの定義を以下に述べます．確率的に値をとる入出力データを確率変数で表します．データ (X,Y) がしたがう確率分布 D のもとでの期待値を $\mathbb{E}_{(X,Y)\sim D}[\cdots]$ と表します．簡単のため，誤解のないときには $\mathbb{E}_D[\cdots]$ や $\mathbb{E}[\cdots]$ と表すことにします．

まず**予測損失** (predictive loss) を定義します．損失関数として $\ell(\widehat{y}, y)$ を用いるとします．仮説 h の予測損失 $R(h)$ を，テストデータ (X,Y) の分布における予測値 $h(X)$ の損失の期待値

$$R(h) = \mathbb{E}_{(X,Y)\sim D}[\ell(h(X), Y)]$$

と定義します．また，とくに式 (1.1) の 0-1 損失 ℓ_{err} から定まる予測損失を $R_{\text{err}}(h)$ と表し，**予測判別誤差** (predictive classification error) とよびます．学習における通常の問題設定では，データの分布は未知なので予測損失を計算することはできません．観測データだけから，予測損失をできるだけ小さくする仮説を求めることが目標です．

次に**経験損失** (empirical loss) を定義します．データ $(X_1, Y_1), \ldots, (X_n, Y_n)$ が観測されたとき，入出力関係を仮説 h で説明することを考えます．損失関数 $\ell(\widehat{y}, y)$ を用いて誤差を測るとき，観測データに対する仮説 h の経験損失 $\widehat{R}(h)$ を，予測値 $h(X_i)$ と観測値 Y_i との間の損失の平均値として

$$\widehat{R}(h) = \frac{1}{n}\sum_{i=1}^{n}\ell(h(X_i), Y_i)$$

と定義します．経験損失は観測データから計算することができます．とくに，0-1 損失 (1.1) から定まる経験損失を $\widehat{R}_{\text{err}}(h)$ と表し，**経験判別誤差** (empirical classification error) とよびます．

入出力空間 $\mathcal{X} \times \mathcal{Y}$ 上の分布に関する期待値を用いて，経験損失を表すこともできます．データ数が n のとき，確率 $1/n$ で (X_i, Y_i) に値をとる確率

変数を (X,Y) とします．この分布を $\widehat{D}$ と表し，経験分布とよびます．このとき経験損失は

$$\widehat{R}(h) = \mathbb{E}_{(X,Y) \sim \widehat{D}}[\ell(h(X), Y)]$$

と表せます．したがって予測損失と経験損失との違いは，期待値を計算するときの確率分布の違いということになります．

各データ (X_i, Y_i) が同一の分布 D にしたがうとき，経験損失の期待値は予測損失に一致します．実際，n 個の観測データの同時分布を D^n とすると

$$\mathbb{E}_{D^n}\left[\widehat{R}(h)\right] = \frac{1}{n} \sum_{i=1}^{n} \mathbb{E}_{D^n}[\ell(h(X_i), Y_i)] = \frac{1}{n} \sum_{i=1}^{n} R(h) = R(h)$$

となります．したがって，経験損失は予測損失の不偏推定量になっています．上の期待値の計算ではデータの独立性は仮定していません．通常は独立性を仮定して，経験損失と予測損失の間に成り立つ性質についてさまざまな解析を行います．観測データが独立に同一の分布 D にしたがうとき，大数の法則から $\widehat{R}(h)$ が $R(h)$ に確率収束します．すなわち，分布 D^n のもとで任意の $\varepsilon > 0$ に対して

$$\lim_{n \to \infty} \Pr\nolimits_{D^n}\left(\left|\widehat{R}(h) - R(h)\right| > \varepsilon\right) = 0$$

が成り立ちます．ここで $\Pr_{D^n}$ は D^n のもとでの確率を表します．

後の章で詳しく解説するように，多くの問題は，予測損失を最小化する仮説を求めるという問題として定式化されます．正確な予測損失の値は未知ですが，近似値として経験損失が分かります．これより，経験損失を最小化することで適切な仮説を学習できると考えられます．学習した仮説の精度を評価するためには，経験損失と予測損失の間の違いを見積もることが重要です．

本書では，さまざまな問題設定において，経験損失と予測損失の差を評価するための方法を紹介していきます．このような理論的評価から得られる知見を用いて，学習アルゴリズムによって得られる仮説に精度保証を与えたり，既存のアルゴリズムの性能を改良することなどが可能になります．

1.3 ベイズ規則とベイズ誤差

学習の目標は,予測誤差をできるだけ小さくする仮説を求めることです.したがって,予測誤差を最小にする仮説が学習の対象になります.

定義 1.1(ベイズ規則・ベイズ誤差)

損失関数 ℓ を定めたとき,任意の可測関数 $h: \mathcal{X} \to \mathcal{Y}$ のもとでの予測損失の下限

$$\inf_{h:\text{可測}} R(h)$$

を,損失関数 ℓ のもとでの**ベイズ誤差** (Bayes error) といいます.下限を達成する仮説が存在するとき,その仮説を**ベイズ規則** (Bayes rule) といいます.

損失関数を定めたとき,ベイズ誤差はデータの確率分布から定まる値です.ベイズ規則が $h_0: \mathcal{X} \to \mathcal{Y}$ のとき

$$R(h_0) = \inf_{h:\text{可測}} R(h)$$

が成り立ちます.

以下で,予測誤差を最小にする仮説を具体的に求めます.損失関数を $\ell(\widehat{y}, y)$ とし,テストデータの確率分布を P とします.このとき,条件付き期待値を用いると

$$R(h) = \mathbb{E}_X[\mathbb{E}_Y[\ell(h(X), Y)|X]]$$

となります.したがって,各入力 $X = x$ における条件付き期待値

$$\mathbb{E}_Y[\ell(h(x), Y)|x] = \int_{\mathcal{Y}} \ell(h(x), y) dP(y|x)$$

を最小にする仮説 h を選べば,予測誤差が最小になります.簡単のため X を省略して

$$\mathbb{E}_Y[\ell(h,Y)] = \int \ell(h,y)dP(y)$$

を最小にする $h \in \mathcal{Y}$ を求める問題を考えます．

例 1.1 (判別問題) 損失関数として 0-1 損失 $\ell_{\mathrm{err}}(\widehat{y},y)$ を用いるとき，

$$\mathbb{E}_Y[\ell(h,Y)] = \sum_{y\in\mathcal{Y}} \ell(h,y)\Pr(Y=y) = 1 - \Pr(Y=h)$$

となります．したがって h として

$$h = \operatorname*{argmax}_{y\in\mathcal{Y}} \Pr(Y=y)$$

とすると，予測誤差の最小値が得られます．条件付き期待値に戻って考えるとベイズ規則 h_0 は

$$h_0(x) = \operatorname*{argmax}_{y\in\mathcal{Y}} \Pr(Y=y|x)$$

となります．すなわち，入力 x が与えられたとき，最も出現する確率が大きなラベルを予測ラベルとする仮説が最適です．また 0-1 損失のもとでのベイズ誤差を R^*_{err} と表すと，

$$R^*_{\mathrm{err}} = R_{\mathrm{err}}(h_0) = 1 - \mathbb{E}_X\left[\max_{y\in\mathcal{Y}} \Pr(Y=y|X)\right] \tag{1.2}$$

となります． □

例 1.2 (回帰問題) 回帰問題におけるベイズ規則を求めます．損失関数として 2 乗損失 $\ell(\widehat{y},y) = (\widehat{y}-y)^2$ を採用します．このとき Y の分散を $V[Y]$ とすると

$$\mathbb{E}_Y[\ell(h,Y)] = (h - \mathbb{E}[Y])^2 + V[Y]$$

となります．したがって，$h = \mathbb{E}[Y]$ とすれば最小値が得られます．条件付き確率に戻って考えると，ベイズ規則は入力 x における条件付き期待値

$$h_0(x) = \mathbb{E}[Y|x]$$

によって与えられます．入力 x における出力 Y の条件付き分散を $V[Y|x]$ と

すると，ベイズ誤差 R^* は

$$R^* = R(h_0) = \mathbb{E}_X[V[Y|X]] = \mathbb{E}_X\left[\int (y - E[Y|X])^2 dP(y|X)\right]$$

となります．条件付き分散 $V[Y|x]$ が入力 x によらず一定の値 σ^2 をとるとき，ベイズ誤差は σ^2 となります． □

例 1.3（ランキング問題）判別問題として定式化すると，入力 $(x, x') \in \mathcal{X}^2$ をラベル $y \in \{+1, -1\}$ に対応させる 2 値判別の仮説を学習することに対応します．このように考えると，ランキングに用いる関数 $h : \mathcal{X} \to \mathbb{R}$ に対して，判別器が $\mathrm{sign}(h(x) - h(x'))$ と表せる場合に仮説が制約されることになります．したがって，一般に 2 値判別に対するベイズ規則からランキング問題におけるベイズ規則を構成することはできません．以下ではデータの分布に仮定をおいて，ランキング問題におけるベイズ規則の特徴付けを行います．

入力データを $(x_+, x_-) \in \mathcal{X}^2$ とするとき，x_+ のほうが x_- より好ましいとし，ランキングを表す出力ラベルは常に $y = +1$ とします．このようなデータは，ランキングの入出力データ $(x, x', -1)$ を $(x', x, +1)$ と変換することで得られます．また，$x_+, x_- \in \mathcal{X}$ はそれぞれ独立に分布 D_+, D_- にしたがうと仮定します．学習データから，入力をランキングする関数 $h : \mathcal{X} \to \mathbb{R}$ を学習します．

まず**真陽性率** (true positive rate) と**偽陽性率** (false positive rate) を，$a \in \mathbb{R}$ に対してそれぞれ

$$\text{真陽性率} : \mathrm{TP}_h(a) = \mathbb{E}_{x_+ \sim D_+}[\mathbf{1}[h(x_+) > a]],$$
$$\text{偽陽性率} : \mathrm{FP}_h(a) = \mathbb{E}_{x_- \sim D_-}[\mathbf{1}[h(x_-) > a]]$$

と定義します．任意の $a \in \mathbb{R}$ に対して $(\mathrm{FP}_h(a), \mathrm{TP}_h(a)) \in [0,1]^2$ となり，パラメータ a が ∞ から $-\infty$ まで動くとき $(\mathrm{FP}_h(a), \mathrm{TP}_h(a))$ は $(0,0)$ から $(1,1)$ まで動きます．この曲線を**受信者操作特性曲線** (receiver operating characteristic curve, ROC curve)，または ROC 曲線といいます（図 1.3）．このとき，ROC 曲線の下側（ROC 曲線と $\mathrm{TP} = 0, \mathrm{FP} = 1$ で囲まれる領域）の面積を**曲線下面積** (area under the curve, AUC) といい，$\mathrm{AUC}(h)$ と表します．同じ偽陽性率に対して真陽性率が大きいほうがよいので，AUC が大きいほど好ましいと言えます．通常は AUC が 0.5 より大きい状況を考えま

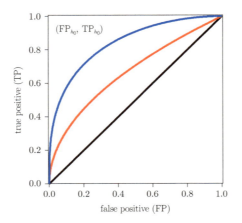

図 1.3 ROC 曲線のプロット．適切に仮説を選ぶと ROC 曲線は 45° の線 (TP = FP) より大きくなり，AUC は 0.5 を超えます．

す．もし，仮説 h が入力にかかわらずランダムに標準正規分布にしたがう値を返すとき，ROC 曲線は 45° の線 (TP = FP) になり，$\mathrm{AUC}(h) = 0.5$ となります．ランダムな予測より良い仮説を選べば AUC の値は 0.5 より大きくなります．ランキングに対する 0-1 損失のもとで，仮説 $h : \mathcal{X} \to \mathbb{R}$ の予測損失と $\mathrm{AUC}(h)$ は次のように関連しています．

$$\begin{aligned} R(h) &= 1 - \mathbb{E}_{x_\pm \sim D_\pm}[\mathbf{1}[h(x_+) - h(x_-) > 0]] \\ &= 1 - \mathbb{E}_{x_- \sim D_-}[\mathrm{TP}_h(h(x_-))] \\ &= 1 - \mathrm{AUC}(h). \end{aligned}$$

したがって x_+ と x_- が独立のとき，ランキング問題におけるベイズ規則 h_0 は AUC を最大にする仮説によって与えられます．また，ベイズ誤差は $1 - \mathrm{AUC}(h_0)$ となります． □

1.4 学習アルゴリズムの性能評価

学習アルゴリズムは，観測データの集合から仮説集合への関数と解釈できます．そこで，ある学習アルゴリズムを用いるとき，データ $S =$

$\{(X_1, Y_1), \ldots, (X_n, Y_n)\}$ から得られる仮説を h_S と表します．アルゴリズムの内部で乱数を用いるときには，同じデータを入力しても異なる仮説が得られることがあります．

学習アルゴリズムの性能を評価する方法を紹介します．損失関数を定めると，学習された仮説 h_S の予測損失として $R(h_S)$ が定まります．確率的に得られるさまざまな観測データ S に対して，予測損失はいろいろな値をとります．評価尺度の1つとして，観測データ S の分布 D^n に関する予測損失の期待値が考えられます．これは期待予測損失とよばれ，$\mathbb{E}_{S \sim D^n}[R(h_S)]$ と定義されます[*2]．通常の問題設定では，予測損失 $R(h_S)$ を計算するときのテストデータの分布も D とします．期待予測損失によって，学習アルゴリズムの平均的な性能を評価することができます．とくに，複数の学習アルゴリズムを数値実験などで比較するときは，期待予測損失やその近似値がよく用いられます．

他の評価尺度として，予測損失 $R(h_S)$ の値の分布に着目する方法もあります．ベイズ誤差を $R^* = \inf_h R(h)$ とします．このとき $\delta \in (0,1)$ と $\varepsilon > 0$ に対して

$$\Pr_{S \sim D^n}\bigl(R(h_S) - R^* < \varepsilon\bigr) > 1 - \delta \tag{1.3}$$

が成り立つとします．確率 $1-\delta$ に対して ε がどのような値になるかを調べることで，学習アルゴリズムの性能を評価することができます．本書では主に確率的な評価式 (1.3) を用います．期待予測損失と (1.3) による確率評価の間には，マルコフの不等式から

$$\Pr_{S \sim D^n}\bigl(R(h_S) - R^* \geq \varepsilon\bigr) \leq \frac{\mathbb{E}_{S \sim D^n}[R(h_S)] - R^*}{\varepsilon}$$

という関係が成り立ちます．

ベイズ誤差に近い予測損失を達成する仮説を求めることができれば，精度の高い予測を実現することができます．そのような学習アルゴリズムは，統計的一致性をもつ学習アルゴリズムとして定式化されます．

[*2] 統計的決定理論ではリスクとよばれる量です．

> **定義 1.2（統計的一致性）**
>
> 任意の分布 D と任意の $\varepsilon > 0$ に対して
>
> $$\lim_{n \to \infty} \Pr_{S \sim D^n} \left(R(h_S) \leq R^* + \varepsilon \right) = 1 \qquad (1.4)$$
>
> が成り立つとき，学習アルゴリズム $S \mapsto h_S$ は**統計的一致性** (statistical consistency) をもつといいます．

統計的一致性をもつ学習アルゴリズムを用いれば，データを生成する分布に関する事前知識がなくても，データ数が十分多ければ最適な仮説を求めることができます．

統計的一致性において，分布 D として考える範囲を制約する場合もあります．たとえば，第 5 章で示す 2 値判別のためのサポートベクトルマシンでは，入力空間 $\mathcal{X}$ としてコンパクト集合を考えます．判別問題の場合，予測判別誤差 $R_{\mathrm{err}}(h)$ がベイズ誤差 R_{err}^* に確率収束するような学習アルゴリズムが望まれる場合が多いです．近年提案されている主な学習アルゴリズムは，統計的一致性をもつことが証明されています．一方，統計的一致性が保証されない学習アルゴリズムでも，計算効率の観点から有用性が高い場合もあります．

1.5 有限な仮説集合を用いた学習

1.5.1 予測判別誤差の評価

仮説集合が有限集合の場合について，学習された仮説の予測損失を評価します．本節で示すことが，統計的学習理論の基礎になります．

2 値判別問題を考えます．有限な仮説集合

$$\mathcal{H} = \{h_1, \ldots, h_T\}$$

を用いて学習を行います．各仮説は，入力空間 $\mathcal{X}$ から 2 値ラベル $\{+1, -1\}$ への関数です．ある分布 P に独立にしたがう学習データ

$$S = \{(X_1, Y_1), \ldots, (X_n, Y_n)\}$$

が与えられたとき，経験判別誤差を最小にする仮説を出力する学習アルゴリズムを考えます．すなわち，学習アルゴリズムの出力 h_S は

$$h_S = \operatorname*{argmin}_{h \in \mathcal{H}} \widehat{R}_{\mathrm{err}}(h)$$

で与えられます．また分布 P のもとでの 0-1 損失に関するベイズ規則を h_0 とします．ベイズ規則が $\mathcal{H}$ に含まれるとは限りません．

学習アルゴリズムの性能を評価するため，予測判別誤差 $R_{\mathrm{err}}(h_S)$ とベイズ誤差 $R_{\mathrm{err}}(h_0)$ の差を評価します．まず $\mathcal{H}$ のなかで予測判別誤差を最小にする仮説を $h_{\mathcal{H}}$ とします．このとき，仮説 $h_S, h_0, h_{\mathcal{H}}$ の定義から，以下の不等式が成り立つことが分かります．

$$R_{\mathrm{err}}(h_0) \leq R_{\mathrm{err}}(h_{\mathcal{H}}) \leq R_{\mathrm{err}}(h_S),$$
$$\widehat{R}_{\mathrm{err}}(h_S) \leq \widehat{R}_{\mathrm{err}}(h_{\mathcal{H}}).$$

差 $R_{\mathrm{err}}(h_S) - R_{\mathrm{err}}(h_0)$ の上界を次のように評価します．

$$\begin{aligned}
& R_{\mathrm{err}}(h_S) - R_{\mathrm{err}}(h_0) \\
&= R_{\mathrm{err}}(h_S) - \widehat{R}_{\mathrm{err}}(h_S) + \widehat{R}_{\mathrm{err}}(h_S) - R_{\mathrm{err}}(h_{\mathcal{H}}) \\
&\quad + R_{\mathrm{err}}(h_{\mathcal{H}}) - R_{\mathrm{err}}(h_0) \\
&\leq R_{\mathrm{err}}(h_S) - \widehat{R}_{\mathrm{err}}(h_S) + \widehat{R}_{\mathrm{err}}(h_{\mathcal{H}}) - R_{\mathrm{err}}(h_{\mathcal{H}}) \\
&\quad + R_{\mathrm{err}}(h_{\mathcal{H}}) - R_{\mathrm{err}}(h_0) \\
&\leq 2 \max_{h \in \mathcal{H}} |\widehat{R}_{\mathrm{err}}(h) - R_{\mathrm{err}}(h)| + R_{\mathrm{err}}(h_{\mathcal{H}}) - R_{\mathrm{err}}(h_0). \quad (1.5)
\end{aligned}$$

ここで，次の補題を使います．

補題 1.3 (ヘフディングの不等式 (Hoeffding's inequality)) 確率変数 Z は有界区間 $[0,1]$ に値をとり，また確率変数 $Z_1, \ldots, Z_n$ は独立に Z と同じ分布にしたがうとします．このとき，任意の $\varepsilon > 0$ に対して

$$\Pr\left(\left| \frac{1}{n} \sum_{i=1}^{n} Z_i - \mathbb{E}[Z] \right| \geq \varepsilon \right) \leq 2 e^{-2n\varepsilon^2}$$

が成り立ちます．

証明は付録の補題 A.2 で示します．

確率変数 Z を $Z = \mathbf{1}[h(X) \neq Y]$ として,式 (1.5) の第 1 項にヘフディングの不等式を用いると

$$\Pr\left(2\max_{h\in\mathcal{H}} |\widehat{R}_{\mathrm{err}}(h) - R_{\mathrm{err}}(h)| \geq \varepsilon\right)$$
$$\leq \sum_{h\in\mathcal{H}} \Pr\left(|\widehat{R}_{\mathrm{err}}(h) - R_{\mathrm{err}}(h)| \geq \varepsilon/2\right)$$
$$\leq \sum_{h\in\mathcal{H}} 2e^{-2n(\varepsilon/2)^2} = 2|\mathcal{H}|e^{-n\varepsilon^2/2}$$

が得られます.ここで $\delta = 2|\mathcal{H}|e^{-n\varepsilon^2/2}$ とすると,学習データ S の分布のもとで確率 $1-\delta$ 以上で

$$2\max_{h\in\mathcal{H}} |R_{\mathrm{err}}(h) - \widehat{R}_{\mathrm{err}}(h)| \leq \sqrt{\frac{2}{n}\log\frac{2|\mathcal{H}|}{\delta}}$$

が成り立ちます.式 (1.5) と合わせて,学習データ S の分布のもとで $1-\delta$ 以上の確率で

$$R_{\mathrm{err}}(h_S) - R_{\mathrm{err}}(h_0) \leq R_{\mathrm{err}}(h_\mathcal{H}) - R_{\mathrm{err}}(h_0) + \sqrt{\frac{2}{n}\log\frac{2|\mathcal{H}|}{\delta}} \quad (1.6)$$

が成り立ちます.

仮説集合 $\mathcal{H}$ がベイズ規則 h_0 を含むと仮定すると

$$R_{\mathrm{err}}(h_\mathcal{H}) - R_{\mathrm{err}}(h_0) = 0$$

となります.このとき,データ数 n が十分大きければ,仮説 h_S の予測判別誤差 $R_{\mathrm{err}}(h_S)$ はベイズ誤差に収束します.また,その**確率オーダー** (stochastic order) は

$$R_{\mathrm{err}}(h_S) = R_{\mathrm{err}}(h_0) + O_p\left(\sqrt{\frac{\log|\mathcal{H}|}{n}}\right)$$

となります[*3].このオーダーは最悪評価の結果なので,問題設定によってはさらに速い収束レートが達成できる場合もあります.

仮説集合 $\mathcal{H}$ の要素数が無限のときは $|\mathcal{H}| = \infty$ となるため,上の議論を用

[*3] 確率変数列 $\{Z_n\}_{n\in\mathbb{N}}$ の確率オーダーが $O_p(r_n)$ とは $\lim_{z\to\infty}\limsup_{n\to\infty}\Pr(|Z_n|/r_n > z) = 0$ を意味します.

いて予測損失の上界を求めることはできません．しかしこの場合も，仮説集合についてより詳しく調べることで有限の仮説集合の場合に帰着させることが可能になることがあります．詳細は次章以降で解説します．

1.5.2 近似誤差と推定誤差

実際の問題では，仮説集合がベイズ規則 h_0 を含むと仮定することはできません．したがって，一般に

$$R_{\mathrm{err}}(h_{\mathcal{H}}) - R_{\mathrm{err}}(h_0) > 0$$

となります．ここで，次の**近似誤差** (approximation error) と**推定誤差** (estimation error) を定義します[*4]．

$$近似誤差 : \mathrm{bias}_{\mathcal{H}} = R_{\mathrm{err}}(h_{\mathcal{H}}) - R_{\mathrm{err}}(h_0),$$

$$推定誤差 : \mathrm{var}_{\mathcal{H}} = \sqrt{\frac{2}{n} \log \frac{2|\mathcal{H}|}{\delta}}.$$

このとき (1.6) の評価式は

$$R_{\mathrm{err}}(h_S) - R_{\mathrm{err}}(h_0) \leq \mathrm{bias}_{\mathcal{H}} + \mathrm{var}_{\mathcal{H}}$$

となります．したがって，仮説集合 $\mathcal{H}$ を適切に設定することで，h_S の予測判別誤差を小さくすることができると考えられます．

複数の仮説集合 $\mathcal{H}_1, \mathcal{H}_2, \ldots, \mathcal{H}_M$ が次の包含関係を満たすとします．

$$\mathcal{H}_1 \subset \mathcal{H}_2 \subset \cdots \subset \mathcal{H}_M.$$

仮説集合はすべて有限集合とします．このとき，定義から近似誤差と推定誤差に関して

$$\mathrm{bias}_{\mathcal{H}_1} \geq \mathrm{bias}_{\mathcal{H}_2} \geq \cdots \geq \mathrm{bias}_{\mathcal{H}_M},$$
$$\mathrm{var}_{\mathcal{H}_1} \leq \mathrm{var}_{\mathcal{H}_2} \leq \cdots \leq \mathrm{var}_{\mathcal{H}_M}$$

が成り立ちます．図 1.4 に示すように，仮説集合が大きいほど近似誤差は小さくなりますが，推定誤差は大きくなります．予測精度の高い仮説を得るためには，これらの和を小さくする仮説集合，すなわち

[*4] 便宜上，近似誤差を偏り (bias)，推定誤差を分散 (variance) とよぶこともあります．

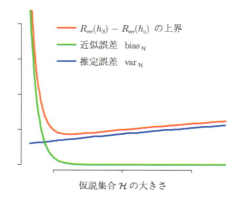

図 1.4 近似誤差 $\mathrm{bias}_{\mathcal{H}}$ と推定誤差 $\mathrm{var}_{\mathcal{H}}$ のプロット.

$$\widehat{m} = \underset{m}{\mathrm{argmin}}\ \mathrm{bias}_{\mathcal{H}_m} + \mathrm{var}_{\mathcal{H}_m} \tag{1.7}$$

とするとき $\mathcal{H}_{\widehat{m}}$ を用いればよいことが分かります.

適切な仮説集合は,データの分布やデータ数などに依存して変わります.データ数が大きいときは,大きな仮説集合を用いても推定誤差は近似誤差に対してそれほど大きくならないと期待されます.一方,データ数が少ないときは,近似誤差と推定誤差のバランスを考えて適切に仮説集合のサイズを決める必要があります.

式 (1.7) から,仮説集合の大きさと予測誤差の関係が分かります.しかし近似誤差の値 $\mathrm{bias}_{\mathcal{H}_m}$ がデータの分布に依存するので,この基準で仮説集合を選ぶ方法は実用的ではありません.実用的な方法として正則化法が知られています.

1.5.3　正則化

適切な大きさの仮説集合を学習するための代表的な方法として,**正則化** (regularization) を紹介します.大きな仮説集合を用いると推定誤差が大きくなるため,学習の結果得られる仮説の予測判別誤差が大きくなる傾向があります.小さな仮説集合で十分対応できるデータに対して,大きな仮説集合を使わないようにすることが必要です.そこで,大きな仮説集合から仮説を

選ぶことに対してペナルティを課します．

複数の仮説集合 $\mathcal{H}_1 \subset \cdots \subset \mathcal{H}_M$ を用いて学習を行うとします．仮説 h に対するペナルティ $\Phi: \mathcal{H}_M \to \mathbb{R}_{\geq 0}$ として，$m_1 < m_2$ に対して

$$h \in \mathcal{H}_{m_1}, \quad h' \in \mathcal{H}_{m_2} \setminus \mathcal{H}_{m_1} \implies \Phi(h) \leq \Phi(h')$$

を満たすような関数 Φ を考えると，大きな仮説集合に含まれるほうが大きなペナルティが課されることになります．具体的には，$\mathcal{H}_0$ を空集合として

$$\Phi(h) = \sum_{m=1}^{M} w_m \cdot \mathbf{1}[h \in \mathcal{H}_m \setminus \mathcal{H}_{m-1}]$$

などを考えます．ここで $0 < w_1 < w_2 < \cdots < w_M$ とすれば，大きな仮説集合ほど大きなペナルティが課せられることになります．また，仮説 h に対してノルム (大きさを測る尺度) が定義されている場合，そのノルムを $\Phi(h)$ とするペナルティが実際の学習アルゴリズムではよく用いられます．詳細は第5章で解説します．

仮説に対するペナルティを考慮しながら，経験判別誤差をできるだけ小さくするような学習を行います．仮説の探索範囲は，想定している最も大きな仮説集合である $\mathcal{H}_M$ として，次のような基準で仮説を学習します．

$$\min_{h \in \mathcal{H}_M} \widehat{R}_{\mathrm{err}}(h) + \lambda \cdot \Phi(h).$$

上式の第2項を正則化項といいます．このような基準で学習を行うと，経験判別誤差が同じ仮説が複数あるとき，最も小さな仮説集合に含まれる仮説が選択されます．非負値をとる正則化パラメータ λ を用いて，経験判別誤差と正則化項とのバランスを調整します．データに合わせて適切に λ を決めることで，予測精度の高い仮説を学習することができます．

正則化パラメータを決めるさまざまな方法が提案されています．データ数が十分大きいときには，大きな仮説集合を用いても予測判別誤差があまり大きくなりません．この性質を考慮して，データ数に依存する正則化パラメータ λ_n を定義し，適切なオーダーで $\lambda_n \to 0 \, (n \to \infty)$ とする方法が提案されています．この方法は，予測損失を理論的に評価しやすいなどの利点があります．実用上は，数理統計学の分野で古くから開発されている交差確認法 [11] を用いて λ を決める方法が有用です．

Chapter 2

仮説集合の複雑度

仮説集合の複雑さを測るための尺度として，VC 次元とラデマッハ複雑度を紹介します．これらの尺度によって，予測損失と経験損失の関係がどのように統制されるか解説します．

2.1 VC 次元

まず VC 次元について説明します．**VC 次元** (VC dimension) の VC は，理論の創始者である Vapnik と Chervonenkis の頭文字からきています．これは主に 2 値判別問題のための仮説集合に対して定義される複雑度ですが，多値判別や回帰問題の場合に拡張することも可能です．VC 次元は，集合族の組合せ的な性質を捉えるための量なので，組合せ論などにも応用されています．

2 値判別のための仮説集合を $\mathcal{H}$ とします．仮説 $h \in \mathcal{H}$ は，入力空間 $\mathcal{X}$ から $|\mathcal{Y}| = 2$ であるようなラベル集合 $\mathcal{Y}$ への関数とします．入力の集合 $\{x_1, \ldots, x_n\} \subset \mathcal{X}$ に対して，$\mathcal{Y}^n$ の部分集合

$$\{(h(x_1), \ldots, h(x_n)) \in \mathcal{Y}^n \mid h \in \mathcal{H}\}$$

の要素数を

$$\Pi_{\mathcal{H}}(x_1, \ldots, x_n) = |\{(h(x_1), \ldots, h(x_n)) \in \mathcal{Y}^n \mid h \in \mathcal{H}\}|$$

とおきます．定義から

$$\Pi_{\mathcal{H}}(x_1,\ldots,x_n) \leq 2^n$$

が成り立ちます．等式 $\Pi_{\mathcal{H}}(x_1,\ldots,x_n) = 2^n$ が成り立つとします．このとき，各 x_i にラベル $y_i \in \mathcal{Y}$ を割り付けて得られる任意の 2 値データ $\{(x_1,y_1),\ldots,(x_n,y_n)\}$ に対して，適切に $h \in \mathcal{H}$ を選べば $h(x_i) = y_i, i = 1,\ldots,n$ とすることができます．

入力の数 n が増えていけば，ラベル付けのパターンが豊富になり，等式 $\Pi_{\mathcal{H}}(x_1,\ldots,x_n) = 2^n$ が成立しにくくなると考えられます．その境界となるデータ数 n を $\mathcal{H}$ の VC 次元とよびます．すなわち，$\mathcal{H}$ の VC 次元 $\mathrm{VCdim}(\mathcal{H})$ は

$$\mathrm{VCdim}(\mathcal{H}) = \max\left\{n \in \mathbb{N} \;\middle|\; \max_{x_1,\ldots,x_n \in \mathcal{X}} \Pi_{\mathcal{H}}(x_1,\ldots,x_n) = 2^n\right\}$$

と定義されます．任意の $n \in \mathbb{N}$ に対して $x_1,\ldots,x_n \in \mathcal{X}$ が存在して $\Pi_{\mathcal{H}}(x_1,\ldots,x_n) = 2^n$ が成り立つときは，$\mathrm{VCdim}(\mathcal{H}) = \infty$ と定義します．VC 次元は，どのようなラベル付けにも対応可能な仮説が存在するようなデータ数の上限を意味します．

VC 次元の定義から，データ数 n が $n \leq \mathrm{VCdim}(\mathcal{H})$ のときは学習がうまくいく，と考えることもできます．しかしノイズによってラベルが反転してしまう状況を考えると，必ずしも学習がうまくいくというわけではありません．仮説集合がどのようなラベル付けにも対応できるということは，ノイズとして無視すべきデータも学習してしまうことを意味します．仮説集合の複雑度は，データの複雑さに合わせて適切に設定することが重要です．

次の補題より，仮説集合 $\mathcal{H}$ の VC 次元を d とすると，$d \leq n$ なら $\Pi_{\mathcal{H}}(x_1,\ldots,x_n)$ は高々 d 次の多項式オーダー $O(n^d)$ になることが分かります．

補題 2.1 (サウアーの補題 (Sauer's lemma)) 2 値ラベルに値をとる仮説集合 $\mathcal{H}$ の VC 次元が d のとき，$n \geq d$ に対して

$$\max_{x_1,\ldots,x_n \in \mathcal{X}} \Pi_{\mathcal{H}}(x_1,\ldots,x_n) \leq \left(\frac{en}{d}\right)^d$$

が成り立ちます．ここで e はネイピア数 $(2.718\cdots)$ です．

証明は文献 [4] の Theorem 3.5 を参照してください．

仮説集合の VC 次元と予測判別誤差の関係は，次の定理で与えられます．

定理 2.2 2 値ラベルに値をとる仮説集合 $\mathcal{H} \subset \{h : \mathcal{X} \to \{+1, -1\}\}$ の VC 次元を $d < \infty$ とします．学習データ $(X_1, Y_1), \ldots, (X_n, Y_n)$ は独立に同一の分布にしたがうとします．損失として 0-1 損失を用いると，$n \geq d$ のとき，学習データの分布のもとで $1 - \delta$ 以上の確率で

$$\sup_{h \in \mathcal{H}} |R_{\mathrm{err}}(h) - \widehat{R}_{\mathrm{err}}(h)| \leq 2\sqrt{\frac{2d}{n} \log \frac{en}{d}} + \sqrt{\frac{\log(2/\delta)}{2n}}$$

が成り立ちます．

証明は 2.3 節で示します．証明にはラデマッハ複雑度による一様大数の法則 (定理 2.7) を用います．

定理 2.2 を用いて，推定された仮説の予測判別誤差を評価します．1.5 節では有限な仮説集合を考えていましたが，定理 2.2 を用いることで，有限集合でない仮説集合を扱えるようになります．学習データ $S = \{(X_1, Y_1), \ldots, (X_n, Y_n)\}$ が観測されたとき，経験判別誤差 $\widehat{R}_{\mathrm{err}}(h)$ の最小化によって得られる仮説を h_S とします．簡単のため，ベイズ規則 h_0 が $\mathcal{H}$ に含まれると仮定します．このとき

$$\widehat{R}_{\mathrm{err}}(h_S) \leq \widehat{R}_{\mathrm{err}}(h_0), \quad R_{\mathrm{err}}(h_0) \leq R_{\mathrm{err}}(h_S)$$

が常に成り立ちます．したがって，学習データ S の分布のもとで，$1 - \delta$ 以上の確率で以下が成り立ちます．

$$\begin{aligned}
R_{\mathrm{err}}(h_S) &\leq \widehat{R}_{\mathrm{err}}(h_0) + R_{\mathrm{err}}(h_S) - \widehat{R}_{\mathrm{err}}(h_S) \\
&\leq R_{\mathrm{err}}(h_0) + |R_{\mathrm{err}}(h_0) - \widehat{R}_{\mathrm{err}}(h_0)| + \sup_{h \in \mathcal{H}} |R_{\mathrm{err}}(h) - \widehat{R}_{\mathrm{err}}(h)| \\
&\leq R_{\mathrm{err}}(h_0) + 2 \sup_{h \in \mathcal{H}} |R_{\mathrm{err}}(h) - \widehat{R}_{\mathrm{err}}(h)| \\
&\leq R_{\mathrm{err}}(h_0) + 4\sqrt{\frac{2d}{n} \log \frac{en}{d}} + 2\sqrt{\frac{\log(2/\delta)}{2n}}.
\end{aligned}$$

最後の不等式に定理 2.2 を用いました．確率オーダーで表現すると

$$R_{\mathrm{err}}(h_0) \leq R_{\mathrm{err}}(h_S) \leq R_{\mathrm{err}}(h_0) + O_p\left(\sqrt{\frac{\log(n/d)}{n/d}}\right)$$

となります．予測判別誤差は，データ数とVC次元の比 n/d と関連していることが分かります．

以下にVC次元の例を示します．

例 2.1 (有限仮説集合) 有限な仮説集合 $\mathcal{H}$ に対して

$$\mathrm{VCdim}(\mathcal{H}) \leq \log_2 |\mathcal{H}|$$

が成り立ちます．なぜなら，d 個の入力点に割り当てられるラベルのパターンは 2^d 通りなので，もし $|\mathcal{H}| < 2^d$ なら，すべてのラベルの割り当てに対応することができないからです．このとき推定された仮説 h_S の予測損失について，

$$R_{\mathrm{err}}(h_0) \leq R_{\mathrm{err}}(h_S) \leq R_{\mathrm{err}}(h_0) + O_p\left(\sqrt{\frac{\log |\mathcal{H}|}{n} \log \frac{n}{\log |\mathcal{H}|}}\right)$$

が成立します．対数因子 $\log(n/\log|\mathcal{H}|)$ を除けば，推定誤差の確率オーダーは (1.6) に一致しています． □

例 2.2 (線形判別器のVC次元) 入力空間を $\mathcal{X} = \mathbb{R}^d$ として，仮説集合を

$$\mathcal{H} = \{h(x) = \mathrm{sign}\,(w^T x + b) \mid w \in \mathbb{R}^d, b \in \mathbb{R}\}$$

とします．これは**線形判別器** (linear classifier) の集合です．ここで列ベクトルの集合を $\{x_1, \ldots, x_{d+1}\} \subset \mathbb{R}^d$ とします．これらのベクトルが $\mathbb{R}^d$ で一般の位置にあるとき

$$A = \begin{pmatrix} x_1 & \cdots & x_{d+1} \\ 1 & \cdots & 1 \end{pmatrix}^T \in \mathbb{R}^{(d+1)\times(d+1)}$$

は可逆な行列となります．入力 x_i にラベル $y_i \in \{+1, -1\}$ を割り当てたデータに対して

$$\begin{pmatrix} w \\ b \end{pmatrix} = A^{-1} y, \quad y = (y_1, \ldots, y_{d+1})^T$$

とすれば，線形判別器 $h(x) = \mathrm{sign}\,(w^T x + b)$ に対して $h(x_i) = y_i, i = 1, \ldots, n$ が成立します．実際，

$$y = A \begin{pmatrix} w \\ b \end{pmatrix} = (w^T x_1 + b, \ldots, w^T x_{d+1} + b)^T$$

より $y_i = w^T x_i + b = \text{sign}(w^T x_i + b)$ となります．以上より

$$\text{VCdim}(\mathcal{H}) \geq d + 1$$

となります．以下に，VC 次元の上界を求めるのに役に立つラドンの定理を紹介しておきます．集合 A の凸包 (convex hull) $\text{conv}(A)$ を

$$\text{conv}(A) = \left\{ \sum_{i=1}^{n} \alpha_i x_i \,\middle|\, n \in \mathbb{N}, \sum_{i=1}^{n} \alpha_i = 1, \alpha_i \in [0,1], x_i \in A \right\}$$

とします．

定理 2.3（ラドンの定理（Radon's theorem）） 任意の点集合 $S = \{x_1, \ldots, x_{d+2}\} \subset \mathbb{R}^d$ に対して，$S = S_1 \cup S_2$, $S_1 \cap S_2 = \emptyset$ かつ $\text{conv}(S_1) \cap \text{conv}(S_2) \neq \emptyset$ となるような S の分割 S_1, S_2 が存在します．

詳細は文献 [4] の Theorem 3.4 を参照してください．

任意の点集合 $x_1, \ldots, x_{d+2} \in \mathbb{R}^d$ に対して，ラドンの定理から定まる分割を S_1, S_2 として，S_1 の点にラベル $+1$, S_2 の点にラベル -1 を割り当て，このラベル付けに正答する線形判別器 $h \in \mathcal{H}$ が存在すると仮定します．このとき h は $\text{conv}(S_1)$ の点に対して $+1$ を割り当て，$\text{conv}(S_2)$ の点に対して -1 を割り当てますが，このラベル付けは，S_1 と S_2 の共通部分で矛盾を生じます．したがって，そのような仮説は存在しないことが分かります．以上より，$\text{VCdim}(\mathcal{H}) = d + 1$ となります． $\square$

例 2.3 線形判別器の集合では，判別器を指定するパラメータの次元と VC 次元が一致していました．しかし，常にパラメータの次元と VC 次元が一致するわけではありません．次の例がよく知られています．1 次元パラメータ θ をもつ仮説集合として

$$\mathcal{H} = \{h(x) = \text{sign}(\sin(2\pi\theta x)) \mid \theta \in \mathbb{R}\}$$

を考えます．このとき $\text{VCdim}(\mathcal{H}) = \infty$ となります．すなわち，適切に入力点を選べば，その上の任意のラベル付けに対応できる仮説が $\mathcal{H}$ のなかに存

在します. □

2.2 ラデマッハ複雑度

本節で紹介する経験ラデマッハ複雑度とラデマッハ複雑度は，VC 次元とは異なり，実数値関数の集合に対して自然に定義されます．まず経験ラデマッハ複雑度を定義します．入力空間 $\mathcal{X}$ 上の実数値関数からなる集合を $\mathcal{G} \subset \{f : \mathcal{X} \to \mathbb{R}\}$ とします.

定義 2.4（経験ラデマッハ複雑度）

入力点の集合を $S = \{x_1, \ldots, x_n\} \subset \mathcal{X}$ とします．また，$+1$ と -1 を等確率でとる独立な確率変数を $\sigma_1, \ldots, \sigma_n$ とします．このとき，$\mathcal{G}$ の **経験ラデマッハ複雑度** (empirical Rademacher complexity) $\widehat{\mathfrak{R}}_S(\mathcal{G})$ は

$$\widehat{\mathfrak{R}}_S(\mathcal{G}) = \mathbb{E}_\sigma \left[\sup_{g \in \mathcal{G}} \frac{1}{n} \sum_{i=1}^n \sigma_i g(x_i) \right]$$

と定義されます．ここで $\mathbb{E}_\sigma[\cdot]$ は $\sigma_1, \ldots, \sigma_n$ に関する期待値を意味します.

経験ラデマッハ複雑度の直感的な解釈を以下に示します．2 値判別で判別器 $\mathrm{sign}(g(x_i))$ を用いて x_i のラベル $\sigma_i \in \{+1, -1\}$ を予測することを考えます．このとき，$\sigma_i g(x_i) > 0$ なら予測は正しいことになります．したがって，$\sigma_i g(x_i)$ が大きな値をとるとき，$g \in \mathcal{G}$ によってデータ (x_i, σ_i) が十分よく学習されていると考えられます．S 上のランダムなラベル付け $(x_1, \sigma_1), \ldots, (x_n, \sigma_n)$ に対する，関数集合 $\mathcal{G}$ のデータへの適合度を平均的に測っている量が経験ラデマッハ複雑度であると言えます．

次にラデマッハ複雑度を定義します．

> **定義 2.5（ラデマッハ複雑度）**
>
> 入力点 $S = (x_1, \ldots, x_n)$ が分布 D にしたがう確率変数のとき，$\mathcal{G}$ の経験ラデマッハ複雑度の期待値
>
> $$\mathfrak{R}_n(\mathcal{G}) = \mathbb{E}_{S \sim D}\left[\widehat{\mathfrak{R}}_S(\mathcal{G})\right]$$
>
> を $\mathcal{G}$ のラデマッハ複雑度 (Rademacher complexity) といいます．

経験ラデマッハ複雑度の性質を以下に示します．入力点の集合 S について期待値をとれば，ラデマッハ複雑度についても成り立ちます．

定理 2.6 $\mathcal{G}, \mathcal{G}_1, \ldots, \mathcal{G}_k$ を実数値関数の集合とします．

1. $\mathcal{G}_1 \subset \mathcal{G}_2$ のとき $\widehat{\mathfrak{R}}_S(\mathcal{G}_1) \leq \widehat{\mathfrak{R}}_S(\mathcal{G}_2)$．
2. 任意の $c \in \mathbb{R}$ に対して $\widehat{\mathfrak{R}}_S(c\mathcal{G}) = |c|\widehat{\mathfrak{R}}_S(\mathcal{G})$．
3. $\widehat{\mathfrak{R}}_S(\mathcal{G}) = \widehat{\mathfrak{R}}_S(\mathrm{conv}\mathcal{G})$．
4. [**タラグランドの補題** (Talagrand's lemma)] 関数 $\phi : \mathbb{R} \to \mathbb{R}$ はリプシッツ連続とし，リプシッツ定数を L とします．このとき

    $$\widehat{\mathfrak{R}}_S(\phi \circ \mathcal{G}) \leq L\widehat{\mathfrak{R}}_S(\mathcal{G})$$

    となります．ここで $\phi \circ \mathcal{G}$ は合成関数の集合 $\{x \mapsto \phi(f(x)) \mid f \in \mathcal{G}\}$ です．
5. $\widehat{\mathfrak{R}}_S(\sum_{i=1}^k \mathcal{G}_i) \leq \sum_{i=1}^k \widehat{\mathfrak{R}}_S(\mathcal{G}_i)$．ここで

    $$\sum_{i=1}^k \mathcal{G}_i = \left\{ \sum_{i=1}^k g_i \,\middle|\, g_i \in \mathcal{G}_i, i = 1, \ldots, k \right\}.$$

6. $\mathcal{Y}$ を有限集合とし，$\mathcal{X} \times \mathcal{Y}$ 上の実数値関数の部分集合 $\mathcal{G} \subset \{f : \mathcal{X} \times \mathcal{Y} \to \mathbb{R}\}$ に対して $\mathcal{G}_y = \{f(\cdot, y) : \mathcal{X} \to \mathbb{R} \mid f \in \mathcal{G}\}$ とします．このとき

    $$\widehat{\mathfrak{R}}_S(\mathcal{G}) \leq \sum_{y \in \mathcal{Y}} \widehat{\mathfrak{R}}_S(\mathcal{G}_y).$$

7. $\mathcal{G}_1, \ldots, \mathcal{G}_k$ を関数集合 $\{f : \mathcal{X} \to \mathbb{R}\}$ の部分集合とし，$\mathcal{G}$ を

$$\mathcal{G} = \{\max\{f_1, \ldots, f_k\} \mid f_1 \in \mathcal{G}_1, \ldots, f_k \in \mathcal{G}_k\}$$

とします．このとき

$$\widehat{\mathfrak{R}}_S(\mathcal{G}) \leq \sum_{\ell=1}^{k} \widehat{\mathfrak{R}}_S(\mathcal{G}_\ell).$$

定理 2.6 の 4 に示したタラグランドの補題では，文献によっては条件 $\phi(0) = 0$ を仮定する場合もありますが，この条件は必要ではありません．これは 2.4 節で証明します．1 は定義から明らか，5 は sup の性質 $\sup(A+B) \leq \sup A + \sup B$ から導出されます．以下では 2, 3, 6, 7 を証明します．

証明． 入力空間を $\mathcal{X}$ とし，$S = \{x_1, \ldots, x_n\} \subset \mathcal{X}$ とします．

<u>2 の証明</u>：$c = |c|\text{sign}(c)$ に対して，σ_i と $\sigma_i \text{sign}(c)$ は同じ分布にしたがいます．したがって次式が成り立ちます．

$$\begin{aligned}
\widehat{\mathfrak{R}}_S(c\mathcal{G}) &= \mathbb{E}_\sigma \left[\sup_{g \in \mathcal{G}} \frac{1}{n} \sum_{i=1}^n \sigma_i c g(x_i)\right] \\
&= |c|\mathbb{E}_\sigma \left[\sup_{g \in \mathcal{G}} \frac{1}{n} \sum_{i=1}^n \sigma_i \text{sign}(c) g(x_i)\right] \\
&= |c|\mathbb{E}_\sigma \left[\sup_{g \in \mathcal{G}} \frac{1}{n} \sum_{i=1}^n \sigma_i g(x_i)\right] = |c|\widehat{\mathfrak{R}}_S(\mathcal{G}).
\end{aligned}$$

<u>3 の証明</u>：以下の式を $\sigma_1, \ldots, \sigma_n$ について期待値をとれば，所望の式が得られます．

$$\begin{aligned}
\sup_{g \in \text{conv}\mathcal{G}} \sum_{i=1}^n \sigma_i g(x_i) &= \sup_{g_1, \ldots, g_k \in \mathcal{G}} \sup_{\substack{a_1, \ldots, a_k \geq 0 \\ \sum_\ell a_\ell = 1}} \sum_{i=1}^n \sigma_i \sum_{\ell=1}^k a_\ell g_\ell(x_i) \\
&= \sup_{g_1, \ldots, g_k \in \mathcal{G}} \sup_{\substack{a_1, \ldots, a_k \geq 0 \\ \sum_\ell a_\ell = 1}} \sum_{\ell=1}^k a_\ell \sum_{i=1}^n \sigma_i g_\ell(x_i) \\
&= \sup_{g_1, \ldots, g_k \in \mathcal{G}} \max_{\ell=1, \ldots, k} \sum_{i=1}^n \sigma_i g_\ell(x_i)
\end{aligned}$$

$$= \sup_{g \in \mathcal{G}} \sum_{i=1}^{n} \sigma_i g(x_i).$$

<u>6 の証明</u>：集合 $S = \{(x_1, y_1), \ldots, (x_n, y_n)\} \subset \mathcal{X} \times \mathcal{Y}$ に対して

$$\widehat{\mathfrak{R}}_S(\mathcal{G}) = \frac{1}{n} \mathbb{E}_\sigma \left[\sup_{f \in \mathcal{G}} \sum_i \sigma_i f(x_i, y_i) \right]$$

$$= \frac{1}{n} \mathbb{E}_\sigma \left[\sup_{f \in \mathcal{G}} \sum_i \sigma_i \sum_{y \in \mathcal{Y}} f(x_i, y) \mathbf{1}[y = y_i] \right]$$

$$\leq \frac{1}{n} \sum_{y \in \mathcal{Y}} \mathbb{E}_\sigma \left[\sup_{f \in \mathcal{G}} \sum_i \sigma_i f(x_i, y) \mathbf{1}[y = y_i] \right]$$

$$= \frac{1}{n} \sum_{y \in \mathcal{Y}} \mathbb{E}_\sigma \left[\sup_{f \in \mathcal{G}} \sum_i \sigma_i f(x_i, y) \left(\frac{1}{2} + \frac{2 \cdot \mathbf{1}[y = y_i] - 1}{2} \right) \right]$$

$$\leq \frac{1}{2n} \sum_{y \in \mathcal{Y}} \mathbb{E}_\sigma \left[\sup_{f \in \mathcal{G}} \sum_i \sigma_i f(x_i, y) \right]$$

$$+ \frac{1}{2n} \sum_{y \in \mathcal{Y}} \mathbb{E}_\sigma \left[\sup_{f \in \mathcal{G}} \sum_i (2 \cdot \mathbf{1}[y = y_i] - 1) f(x_i, y) \right]$$

$$= \sum_{y \in \mathcal{Y}} \widehat{\mathfrak{R}}_S(\mathcal{G}_y)$$

となります．最後の不等式は，σ_i と $\sigma_i(2 \cdot \mathbf{1}[y = y_i] - 1)$ の分布が同じことから導出されます．

<u>7 の証明</u>：まず $k = 2$ の場合を証明します．等式

$$\max\{z_1, z_2\} = \frac{z_1 + z_2}{2} + \frac{|z_1 - z_2|}{2}$$

を用いて $\widehat{\mathfrak{R}}_S(\mathcal{G})$ の上界を評価します．

$$\widehat{\mathfrak{R}}_S(\mathcal{G}) = \frac{1}{n} \mathbb{E}_\sigma \left[\sup_{\substack{f_1 \in \mathcal{G}_1 \\ f_2 \in \mathcal{G}_2}} \sum_{i=1}^n \sigma_i \max\{f_1(x_i), f_2(x_i)\} \right]$$

$$= \frac{1}{n}\mathbb{E}_\sigma\left[\sup_{\substack{f_1\in\mathcal{G}_1\\f_2\in\mathcal{G}_2}}\sum_{i=1}^n \sigma_i\left(\frac{f_1(x_i)+f_2(x_i)}{2}+\frac{|f_1(x_i)-f_2(x_i)|}{2}\right)\right]$$

$$\leq \frac{1}{2}\widehat{\mathfrak{R}}_S(\mathcal{G}_1)+\frac{1}{2}\widehat{\mathfrak{R}}_S(\mathcal{G}_2)+\frac{1}{2n}\mathbb{E}_\sigma\left[\sup_{\substack{f_1\in\mathcal{G}_1\\f_2\in\mathcal{G}_2}}\sum_{i=1}^n \sigma_i|f_1(x_i)-f_2(x_i)|\right].$$

絶対値関数はリプシッツ連続なので，4 を使うと次式が得られます．

$$\frac{1}{2n}\mathbb{E}_\sigma\left[\sup_{\substack{f_1\in\mathcal{G}_1\\f_2\in\mathcal{G}_2}}\sum_{i=1}^n \sigma_i|f_1(x_i)-f_2(x_i)|\right]$$

$$\leq \frac{1}{2n}\mathbb{E}_\sigma\left[\sup_{\substack{f_1\in\mathcal{G}_1\\f_2\in\mathcal{G}_2}}\sum_{i=1}^n \sigma_i(f_1(x_i)-f_2(x_i))\right]$$

$$\leq \frac{1}{2}\widehat{\mathfrak{R}}_S(\mathcal{G}_1)+\frac{1}{2}\widehat{\mathfrak{R}}_S(\mathcal{G}_2).$$

したがって，$\widehat{\mathfrak{R}}_S(\mathcal{G})\leq\widehat{\mathfrak{R}}_S(\mathcal{G}_1)+\widehat{\mathfrak{R}}_S(\mathcal{G}_2)$ となります．この結果を帰納的に用いることで，$k\geq 3$ の場合の不等式が得られます． □

ラデマッハ複雑度と VC 次元の関連を調べます．2 値ラベル $\{+1,-1\}$ に値をとる仮説集合 $\mathcal{H}$ の VC 次元を d とします．集合 A を

$$A=\{(h(x_1),\ldots,h(x_n))\in\{+1,-1\}^n \mid h\in\mathcal{H}\}$$

とすると，サウアーの補題 (補題 2.1) より $n\geq d$ のとき

$$|A|=\Pi_\mathcal{H}(x_1,\ldots,x_n)\leq \left(\frac{en}{d}\right)^d$$

となります．このとき $S=\{x_1,\ldots,x_n\}$ における $\mathcal{H}$ の経験ラデマッハ複雑度は，補題 A.3 の**マサールの補題** (Massart's lemma) を用いると

$$\widehat{\mathfrak{R}}_S(\mathcal{H})=\frac{1}{n}\mathbb{E}_\sigma\left[\sup_{z\in A}\sum_{i=1}^n \sigma_i z_i\right]\leq \sqrt{\frac{2d}{n}\log\frac{en}{d}} \tag{2.1}$$

となります．$|S|\geq d$ となる任意の S で (2.1) が成り立つので，ラデマッハ複雑度 $\mathfrak{R}_n(\mathcal{H})$ についても同じ不等式が成立します．

以下に，(経験) ラデマッハ複雑度の例を示します．

例 2.4 (有限集合) 関数の有限集合 $\mathcal{G} \subset \{g : \mathcal{Z} \to \mathbb{R}\}$ の経験ラデマッハ複雑度を計算します．集合 $\{(g(z_1), \ldots, g(z_n)) \in \mathbb{R}^n \mid g \in \mathcal{G}\}$ に対してマサールの補題 (補題 A.3) を用いると

$$\widehat{\mathfrak{R}}_S(\mathcal{G}) = \mathbb{E}_\sigma \left[\max_{g \in \mathcal{G}} \frac{1}{n} \sum_{i=1}^n \sigma_i g(z_i) \right] \leq \max_{g \in \mathcal{G}} \sqrt{\sum_{i=1}^n g(z_i)^2} \cdot \frac{\sqrt{2 \log |\mathcal{G}|}}{n}$$

となります．ここで，有界性 $\|g\|_\infty \leq r, g \in \mathcal{G}$ を仮定すると

$$\widehat{\mathfrak{R}}_S(\mathcal{G}) \leq r \sqrt{\frac{2 \log |\mathcal{G}|}{n}}$$

となります．ラデマッハ複雑度 $\mathfrak{R}_n(\mathcal{G})$ についても，同じ上界が得られます． □

例 2.5 (線形関数の集合) 線形関数の集合

$$\mathcal{G} = \{x \mapsto w^T x \mid w \in \mathbb{R}^d, \|w\| \leq \Lambda\}$$

を考えます．コーシー・シュワルツの不等式の等号成立条件とイェンセンの不等式より

$$\begin{aligned}
\widehat{\mathfrak{R}}_S(\mathcal{G}) &= \mathbb{E}_\sigma \left[\frac{1}{n} \sup_{\|w\| \leq \Lambda} \sum_{i=1}^n \sigma_i w^T x_i \right] \\
&= \mathbb{E}_\sigma \left[\frac{1}{n} \sup_{\|w\| \leq \Lambda} w^T \sum_{i=1}^n \sigma_i x_i \right] \\
&= \frac{1}{n} \mathbb{E}_\sigma \left[\Lambda \left\| \sum_{i=1}^n \sigma_i x_i \right\| \right] \\
&\leq \frac{\Lambda}{n} \left(\mathbb{E}_\sigma \left[\left\| \sum_{i=1}^n \sigma_i x_i \right\|^2 \right] \right)^{1/2} = \frac{\Lambda}{n} \left(\sum_{i=1}^n \|x_i\|^2 \right)^{1/2}
\end{aligned}$$

となります．期待値の計算で σ_i の独立性と $\sigma_i^2 = 1$ を用いています．入力点に対してノルム制約 $\|x_i\| \leq r \, (i = 1, \ldots, n)$ が課されているとき，S によらない上界として

$$\widehat{\mathfrak{R}}_S(\mathcal{G}) \leq \frac{r\Lambda}{\sqrt{n}}$$

が得られます．ラデマッハ複雑度 $\mathfrak{R}_n(\mathcal{G})$ に対しても，同じ上界が得られます．この上界は，線形モデルを2値判別に用いたときの予測損失の評価に用いられます． □

例 2.6 (線形判別器の集合) 集合 $\mathcal{G}$ を

$$\mathcal{G} = \{x \mapsto \text{sign}\,(w^T x + b) \mid w \in \mathbb{R}^d, b \in \mathbb{R}\}$$

とします．例 2.2 より $\mathcal{G}$ の VC 次元は $d+1$ です．したがって (2.1) より，$n \geq d+1$ のときラデマッハ複雑度は

$$\widehat{\mathfrak{R}}_n(\mathcal{G}) \leq \sqrt{\frac{2(d+1)}{n} \log \frac{en}{d+1}}$$

となります． □

例 2.7 (決定株) 深さ1の決定木からなる仮説集合を**決定株**(decision stump)といいます．入力空間 $\mathcal{X}$ が $\mathbb{R}^d$ の部分集合のとき，決定株で用いる判別器は，パラメータ $s \in \{+1, -1\}$，$k \in \{1, \ldots, d\}$，$z \in \mathbb{R}$ で指定され，$x = (x_1, \ldots, x_d) \in \mathcal{X}$ に対するラベルは

$$h(x; s, k, z) = s \cdot \text{sign}\,(x_k - z) \tag{2.2}$$

で与えられます．決定株は判別境界が座標軸に直交する超平面で定まるので，線形判別器の特別な場合になっています．決定株のラデマッハ複雑度を計算します．仮説集合は

$$\mathcal{G} = \{h(x; s, k, z) \mid s = \pm 1,\, k = 1, \ldots, d,\, z \in \mathbb{R}\}$$

となります．点集合 $S = \{x_1, \ldots, x_n\} \subset \mathcal{X}$ に対して，経験ラデマッハ複雑度は

$$\widehat{\mathfrak{R}}_S(\mathcal{G}) = \frac{1}{n} \mathbb{E}_\sigma \left[\sup_{s, k, z} \sum_{i=1}^n \sigma_i h(x_i; s, k, z) \right]$$

となります．決定株では，データ点の各軸ごとの座標を小さい順に並べ，適当な位置 z で分割します．与えられたデータ S に対して，$+1$ と -1 を適当に割り当てますが，各軸ごとに $2(n+1)$ 通りの割り当て方があります．よって，上式の s, k, z に関する上界は，実質的には高々 $2(n+1)d$ 通りの ± 1 の

割り当て方を考えればよいことになります．決定株によって S 上に割り当てられる 2 値ベクトルの集合を $A \subset \{+1, -1\}^n$ とすると，上の考察から $|A| \leq 2(n+1)d$ となります．したがってマサールの補題 (補題 A.3) より

$$\frac{1}{n}\mathbb{E}_\sigma\left[\sup_{s,k,z}\sum_{i=1}^n \sigma_i h(x_i; s, k, z)\right] = \frac{1}{n}\mathbb{E}_\sigma\left[\sup_{(h_1,\ldots,h_n)\in A}\sum_{i=1}^n \sigma_i h_i\right]$$
$$\leq \sqrt{\frac{2}{n}\log(2(n+1)d)} \qquad (2.3)$$

となります．上式は任意の入力点集合 S で成立するので，ラデマッハ複雑度 $\mathfrak{R}_n(\mathcal{G})$ についても，同じ上界が得られます． □

2.3 一様大数の法則

一様大数の法則は，VC 次元を用いて予測判別誤差を評価した定理 2.2 を拡張した定理です．ラデマッハ複雑度は，一様大数の法則における誤差に相当します．定理 2.2 は 0-1 損失で成立しますが，以下の定理は有界な関数の集合に対して成立します．第 5 章以降で，一様大数の法則を用いた予測損失の評価について解説します．

定理 2.7（一様大数の法則 (uniform law of large numbers)）集合 $\mathcal{Z}$ から有界区間 $[a, b]$ への実数値関数の集合を $\mathcal{G} \subset \{f: \mathcal{Z} \to [a, b]\}$ とします．また確率変数 $Z_1, \ldots, Z_n$ は確率変数 Z と同じ分布 D に独立にしたがうとします．このとき任意の $\delta \in (0, 1)$ に対して，分布 D^n のもとで $1 - \delta$ 以上の確率で次式が成り立ちます．

$$\sup_{g\in\mathcal{G}}\left\{\mathbb{E}[g(Z)] - \frac{1}{n}\sum_{i=1}^n g(Z_i)\right\} \leq 2\mathfrak{R}_n(\mathcal{G}) + (b-a)\sqrt{\frac{\log(1/\delta)}{2n}}.$$

同様の不等式が $\sup_{g\in\mathcal{G}}\left\{\frac{1}{n}\sum_{i=1}^n g(Z_i) - \mathbb{E}[g(Z)]\right\}$ に対しても成立します．したがって絶対誤差については，分布 D^n のもとで $1 - \delta$ 以上の確率で

$$\sup_{g\in\mathcal{G}}\left|\mathbb{E}[g(Z)] - \frac{1}{n}\sum_{i=1}^n g(Z_i)\right| \leq 2\mathfrak{R}_n(\mathcal{G}) + (b-a)\sqrt{\frac{\log(2/\delta)}{2n}}.$$

が成り立ちます．

2.3 一様大数の法則 33

証明. 関数 $A(z_1, \ldots, z_n)$ を

$$A(z_1, \ldots, z_n) = \sup_{g \in \mathcal{G}} \left\{ \mathbb{E}[g(Z)] - \frac{1}{n} \sum_{i=1}^{n} g(z_i) \right\}$$

と定義すると，次の不等式が成り立ちます．

$$A(z_1, \ldots, z_n) - A(z_1, \ldots, z_{n-1}, z')$$
$$= \sup_{g \in \mathcal{G}} \inf_{f \in \mathcal{G}} \left\{ \mathbb{E}[g(Z)] - \frac{1}{n} \sum_{i=1}^{n} g(z_i) - \mathbb{E}[f(Z)] + \frac{1}{n} \sum_{i=1}^{n-1} f(z_i) + \frac{1}{n} f(z') \right\}$$
$$\leq \sup_{g \in \mathcal{G}} \left\{ \mathbb{E}[g(Z)] - \frac{1}{n} \sum_{i=1}^{n} g(z_i) - \mathbb{E}[g(Z)] + \frac{1}{n} \sum_{i=1}^{n-1} g(z_i) + \frac{1}{n} g(z') \right\}$$
$$= \sup_{g \in \mathcal{G}} \frac{g(z') - g(z_n)}{n}$$
$$\leq \frac{b-a}{n}.$$

同様に $A(z_1, \ldots, z_{n-1}, z') - A(z_1, \ldots, z_{n-1}, z_n) \leq (b-a)/n$ も成り立つので，結局

$$|A(z_1, \ldots, z') - A(z_1, \ldots, z_{n-1}, z_n)| \leq \frac{b-a}{n}$$

となります．したがって**マクダイアミッドの不等式** (McDiarmid's inequality)(補題 A.5) より

$$\Pr \left\{ A(Z_1, \ldots, Z_n) - \mathbb{E}[A] \leq (b-a) \sqrt{\frac{\log(1/\delta)}{2n}} \right\} \geq 1 - \delta \qquad (2.4)$$

となります．次に，期待値 $\mathbb{E}[A]$ を評価します．確率変数 Z と同じ分布に独立にしたがう確率変数を $Z_1, \ldots, Z_n, Z'_1, \ldots, Z'_n$ とすると

$$A(Z_1, \ldots, Z_n) = \sup_{g \in \mathcal{G}} \left\{ \mathbb{E}_{Z'_1, \ldots, Z'_n} \left[\frac{1}{n} \sum_{i=1}^{n} g(Z'_i) \right] - \frac{1}{n} \sum_{i=1}^{n} g(Z_i) \right\}$$
$$\leq \mathbb{E}_{Z'_1, \ldots, Z'_n} \left[\sup_{g \in \mathcal{G}} \frac{1}{n} \sum_{i=1}^{n} (g(Z'_i) - g(Z_i)) \right]$$

となります．対称性より $g(Z'_i) - g(Z_i)$ と $g(Z_i) - g(Z'_i)$ は同じ分布にした

がいます．また $\sigma_1, \ldots, \sigma_n$ を，等確率で $+1, -1$ に値をとる独立な確率変数とすると，$\sigma_i(g(Z_i') - g(Z_i))$ と $g(Z_i') - g(Z_i)$ は同じ分布にしたがうことが分かります．この事実を用いると，

$$\mathbb{E}_{Z_1,\ldots,Z_n}[A(Z_1,\ldots,Z_n)]$$
$$\leq \mathbb{E}\left[\sup_{g\in\mathcal{G}} \frac{1}{n}\sum_{i=1}^{n} \sigma_i(g(Z_i') - g(Z_i))\right]$$
$$\leq \mathbb{E}\left[\sup_{g\in\mathcal{G}} \frac{1}{n}\sum_{i=1}^{n} \sigma_i g(Z_i')\right] + \mathbb{E}\left[\sup_{g\in\mathcal{G}} \frac{1}{n}\sum_{i=1}^{n} (-\sigma_i)g(Z_i)\right]$$
$$= 2\mathfrak{R}_n(\mathcal{G})$$

となることが分かります．これを (2.4) に代入すると，所望の不等式が得られます． □

ラデマッハ複雑度を用いて予測判別誤差の確率的上界を求める例を示します．2値判別のための有限仮説集合を $\mathcal{H} \subset \{h : \mathcal{X} \to \{+1, -1\}\}$ とします．簡単のためベイズ規則 h_0 は $\mathcal{H}$ に含まれると仮定します．また

$$\mathcal{G} = \{(x,y) \mapsto \mathbf{1}[h(x) \neq y] \mid h \in \mathcal{H}\} \tag{2.5}$$

とおきます．例 2.4 と $|\mathcal{G}| = |\mathcal{H}|$ から，$\mathcal{G}$ のラデマッハ複雑度は

$$\mathfrak{R}_n(\mathcal{G}) \leq \sqrt{\frac{2\log|\mathcal{H}|}{n}}$$

となります．一様大数の法則より，学習データの分布のもとで $1-\delta$ 以上の確率で

$$\max_{h} |R_{\text{err}}(h) - \widehat{R}_{\text{err}}(h)| \leq 2\sqrt{\frac{2\log|\mathcal{H}|}{n}} + \sqrt{\frac{\log(2/\delta)}{2n}}$$

が成り立ちます．したがって

$$R_{\text{err}}(h_S) \leq R_{\text{err}}(h_0) + O_p\left(\sqrt{\frac{\log|\mathcal{H}|}{n}}\right)$$

が成り立ちます．VC次元を用いた例2.1の評価では対数因子 $\log(n/\log|\mathcal{H}|)$ がありました．一方，ラデマッハ複雑度による評価では (1.6) と同じオーダー

の上界が得られています.

次に定理 2.2 の証明を与えます.2 値ラベルに値をとる仮説集合 $\mathcal{H}$ の VC 次元を d とします.また,$\mathcal{H}$ に対して集合 $\mathcal{G}$ を (2.5) のように定義します.このとき

$$\Pi_{\mathcal{G}}((x_1, y_1), \ldots, (x_n, y_n)) = \Pi_{\mathcal{H}}(x_1, \ldots, x_n)$$

となるので

$$\text{VCdim}(\mathcal{G}) = \text{VCdim}(\mathcal{H})$$

が成り立ちます.したがって式 (2.1) と一様大数の法則から,$n \geq d$ のとき学習データの分布のもとで $1 - \delta$ 以上の確率で

$$\sup_{h \in \mathcal{H}} |R_{\text{err}}(h) - \widehat{R}_{\text{err}}(h)| \leq 2\sqrt{\frac{2d}{n} \log \frac{en}{d}} + \sqrt{\frac{\log(2/\delta)}{2n}}$$

が成立します.

2.4 タラグランドの補題の証明

定理 2.6 の 4 で示したタラグランドの補題を証明します.

証明. 集合 $S = \{x_1, \ldots, x_n\} \subset \mathcal{X}$ に対して

$$u_{n-1}(f) = \sum_{i=1}^{n-1} \sigma_i \phi(f(x_i))$$

とおくと

$$\widehat{\mathfrak{R}}_S(\phi \circ \mathcal{G}) = \frac{1}{n} \mathbb{E}_\sigma \left[\sup_{f \in \mathcal{G}} \sum_{i=1}^n \sigma_i \phi(f(x_i)) \right]$$

$$= \frac{1}{n} \mathbb{E}_{\sigma_1, \ldots, \sigma_{n-1}} \left[\mathbb{E}_{\sigma_n} \left[\sup_{f \in \mathcal{G}} \{u_{n-1}(f) + \sigma_n \phi(f(x_n))\} \right] \right]$$

となります.上限の定義より,任意の $\varepsilon > 0$ に対して

$$\sup_{f \in \mathcal{G}} \{u_{n-1}(f) + \phi(f(x_n))\} \leq u_{n-1}(f^{(1)}) + \phi(f^{(1)}(x_n)) + \varepsilon,$$

$$\sup_{f\in\mathcal{G}}\{u_{n-1}(f) - \phi(f(x_n))\} \leq u_{n-1}(f^{(2)}) - \phi(f^{(2)}(x_n)) + \varepsilon$$

となる $f^{(1)}, f^{(2)} \in \mathcal{G}$ が存在します．したがって

$$s_n = \text{sign}\left(f^{(1)}(x_n) - f^{(2)}(x_n)\right) \in \{+1, -1\}$$

とおくと以下の不等式が成り立ちます．

$$\mathbb{E}_{\sigma_n}\left[\sup_{f\in\mathcal{G}}\{u_{n-1}(f) + \sigma_n\phi(f(x_n))\}\right]$$
$$\leq \frac{1}{2}\left\{u_{n-1}(f^{(1)}) + u_{n-1}(f^{(2)}) + \phi(f^{(1)}(x_n)) - \phi(f^{(2)}(x_n))\right\} + \varepsilon$$
$$\leq \frac{1}{2}\left\{u_{n-1}(f^{(1)}) + u_{n-1}(f^{(2)}) + Ls_n(f^{(1)}(x_n) - f^{(2)}(x_n))\right\} + \varepsilon$$
$$\leq \mathbb{E}_{\sigma_n}\left[\sup_f\{u_{n-1}(f) + \sigma_n Ls_n f(x_n)\}\right] + \varepsilon.$$

任意の $\varepsilon > 0$ で成り立つので

$$\mathbb{E}_{\sigma_n}\left[\sup_f u_{n-1}(f) + \sigma_n\phi(f(x_n))\right] \leq \mathbb{E}_{\sigma_n}\left[\sup_f u_{n-1}(f) + \sigma_n Lf(x_n)\right]$$

となります．ここで $\sigma_1,\ldots,\sigma_{n-1}$ の条件のもとで，σ_n と $\sigma_n s_n$ の分布が同じであることを使いました．次に

$$u_{n-2}(f) = \sum_{i=1}^{n-2}\sigma_i\phi(f(x_i)) + \sigma_n Lf(x_n)$$

として，同様に $\phi(f(x_{n-1}))$ を $Lf(x_{n-1})$ に置き換えた上界を得ます．結局

$$\widehat{\mathfrak{R}}_S(\phi\circ\mathcal{G}) \leq \frac{L}{n}\mathbb{E}_\sigma\left[\sup_{f\in\mathcal{G}}\sum_{i=1}^n \sigma_i f(x_i)\right] = L\widehat{\mathfrak{R}}_S(\mathcal{G})$$

となります． □

Chapter 3

判別適合的損失

> 判別問題では仮説の精度を 0-1 損失で評価しますが，多くの学習アルゴリズムは，最小化しやすい別の損失を用います．本章では，2 値判別において損失を置き換えることの正当性を議論します．その際，重要な損失のクラスである判別適合的損失について解説します．

3.1 マージン損失

入力空間を $\mathcal{X}$ とし，出力は 2 値ラベル $\mathcal{Y} = \{+1, -1\}$ とします．判別関数の集合を $\mathcal{G} \subset \{g : \mathcal{X} \to \mathbb{R}\}$ とし，また $\mathcal{G}$ から定まる仮説集合を $\mathcal{H} = \{\text{sign} \circ g \mid g \in \mathcal{G}\}$ とします．判別関数 $g : \mathcal{X} \to \mathbb{R}$ とデータ (x, y) に対して，$yg(x)$ の値をマージン (margin) といいます．マージンの正負とラベル予測の正誤がほぼ対応します．一般に，判別関数のマージンに依存して定まる損失をマージン損失といいます．

> **定義 3.1（マージン損失）**
>
> 非負値関数 $\phi: \mathbb{R} \to \mathbb{R}_{\geq 0}$ と 2 値データ $(x,y) \in \mathcal{X} \times \{+1,-1\}$ に対して，判別関数 $g: \mathcal{X} \to \mathbb{R}$ の**マージン損失** (margin loss) を $\phi(yg(x))$ と定義します．関数 ϕ を明示する場合には ϕ-マージン損失といいます．

0-1 マージン損失 (0-1 margin loss) は

$$\phi_{\mathrm{err}}(m) = \mathbf{1}[m \leq 0]$$

と定義されるマージン損失です．0-1 損失 $\ell_{\mathrm{err}}(\mathrm{sign}\,(g(x)),y)$ に対して $g(x) \neq 0$ なら

$$\ell_{\mathrm{err}}(\mathrm{sign}\,(g(x)),y) = \phi_{\mathrm{err}}(yg(x))$$

となり，また $g(x) = 0$ のときは $\ell_{\mathrm{err}}(\mathrm{sign}\,(0),y) \leq \phi_{\mathrm{err}}(0) = 1$ となります．したがって 0-1 マージン損失は 0-1 損失にほぼ等しいと言えます．

定義よりマージン損失は非負値をとりますが，下限 $\inf_{m \in \mathbb{R}} \phi(m) > -\infty$ が存在する関数 ϕ に対して，本章の議論は同様に成立します．マージン損失として表せない損失として，ラベルが $+1$ か -1 かで損失が異なる非対称損失 (1.1.1 節) などがあります．本章の結果を非対称損失へ拡張することは容易です．

関数 ϕ から定義される経験損失と予測損失をそれぞれ**経験 ϕ-損失** (empirical ϕ-loss)，**予測 ϕ-損失** (predictive ϕ-loss) とよび，判別関数 g に対して

$$\text{経験 } \phi\text{-損失:} \quad \widehat{R}_\phi(g) = \frac{1}{n} \sum_{i=1}^{n} \phi(y_i g(x_i)),$$

$$\text{予測 } \phi\text{-損失:} \quad R_\phi(g) = \mathbb{E}[\phi(Y g(X))]$$

と定義します．また判別関数に対する経験判別誤差と予測判別誤差を，簡単のため

経験判別誤差： $\widehat{R}_{\mathrm{err}}(g) = \dfrac{1}{n}\sum_{i=1}^{n}\mathbf{1}[\mathrm{sign}\,(g(x_i)) \neq y_i]$,

予測判別誤差： $R_{\mathrm{err}}(g) = \mathbb{E}[\mathbf{1}[\mathrm{sign}\,(g(X)) \neq Y]]$

と表します．予測 ϕ-損失と予測判別誤差の下限をそれぞれ

$$R_\phi^* = \inf_g R_\phi(g),$$

$$R_{\mathrm{err}}^* = \inf_g R_{\mathrm{err}}(g)$$

とおきます．ここで $\inf_g$ は，任意の可測関数 g に関する下限を考えています．任意の $m \in \mathbb{R}$ に対して不等式 $\phi_{\mathrm{err}}(m) \leq \phi(m)$ が成り立つとき，経験 ϕ-損失，予測 ϕ-損失はそれぞれ経験判別誤差，予測判別誤差の上界を与えます．このとき，経験 ϕ-損失が小さい判別関数は，同時に経験判別誤差や予測判別誤差も小さいと期待されます．次節以降で，$R_\phi(g) - R_\phi^*$ と $R_{\mathrm{err}}(g) - R_{\mathrm{err}}^*$ の間に定量的な関係が成り立つことを示します．

関数 $\phi_{\mathrm{err}}(m)$ は非凸な不連続関数であるため，経験 ϕ_{err}-損失を最小化することは一般に困難です．そこで，$\phi_{\mathrm{err}}(m)$ を最適化しやすい関数 $\phi(m)$ に置き換えて学習アルゴリズムを構成するアプローチがよく採用されます．第5章で解説するサポートベクトルマシンでは，マージン損失として**ヒンジ損失** (hinge loss)

$$\phi(m) = \max\{1-m, 0\}$$

を用い，第 6 章のブースティングでは**指数損失** (exponential loss)

$$\phi(m) = e^{-m}$$

を用います．またロジスティック回帰とよばれる 2 値判別のための学習法では，マージン損失として**ロジスティック損失** (logistic loss)

$$\phi(m) = \log(1 + e^{-m})$$

を用います．対数の底は 1 より大きな実数とし，実用上は e もしくは 2 とします．図 3.1 に示すように，これらの関数 $\phi(m)$ はすべて単調非増加凸関数です．このため $\widehat{R}_\phi(g)$ の最小化により，各データ上でのマージン $yg(x)$ の値が大きくなり，多くの学習データで $\mathrm{sign}\,(g(x)) = y$ が成り立つことが期待さ

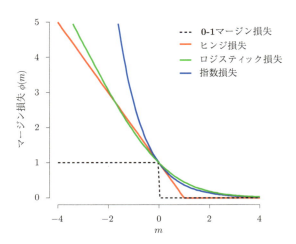

図 3.1 マージン損失のプロット．ロジスティック損失は対数の底を 2 としてプロット．

れます．また凸性から，最小化の計算を効率的に実行することができます．

マージン損失を使って学習された判別関数が同時に予測判別誤差も小さくしているなら，0-1 損失の代わりにマージン損失を用いることが正当化されます．次節以降で，マージン損失を用いる学習の判別誤差について解説します．

3.2 判別適合的損失

判別関数 g に対する予測 ϕ-損失 $R_\phi(g)$ と予測判別誤差 $R_{\mathrm{err}}(g)$ の関係について調べます．予測 ϕ-損失は，入力値に関する条件付き期待値を用いて

$$R_\phi(g) = \mathbb{E}_X[\mathbb{E}_Y[\phi(Yg(X))|X]]$$

と表せます．関数 $C_\eta(\alpha)$ を

$$C_\eta(\alpha) = \eta\phi(\alpha) + (1-\eta)\phi(-\alpha)$$

と定義すると，$\eta = \Pr(Y=+1|X)$ として条件付き期待値は

$$\mathbb{E}_Y[\phi(Yg(X))|X] = C_\eta(g(X)) \tag{3.1}$$

となります．

関数 $C_\eta(\alpha)$ とベイズ規則の関連を調べます．予測判別誤差を最小にするベイズ規則は，例 1.1 より

- $\eta = \Pr(Y = +1|X) > 1/2$ のとき：予測ラベルは $+1$
- $\eta = \Pr(Y = +1|X) < 1/2$ のとき：予測ラベルは -1

で与えられます．したがって，(3.1) を最小にする判別関数から定まる仮説がベイズ規則となるための必要十分条件は，次のようになります．

- $\eta > 1/2$ のとき：$\min_{\alpha \in \mathbb{R}} C_\eta(\alpha)$ の最適解は $\alpha > 0$ の範囲にのみ存在．最適解が存在しない場合も含めて一般的に表すと

$$\inf_{\alpha \leq 0} C_\eta(\alpha) > \inf_{\alpha \in \mathbb{R}} C_\eta(\alpha)$$

が成立.

- $\eta < 1/2$ のとき：$\min_{\alpha \in \mathbb{R}} C_\eta(\alpha)$ の最適解は $\alpha < 0$ の範囲にのみ存在．上記と同様，一般に

$$\inf_{\alpha \geq 0} C_\eta(\alpha) > \inf_{\alpha \in \mathbb{R}} C_\eta(\alpha)$$

が成立.

上の 2 つの不等式をまとめると，$\eta \in [0,1], \eta \neq 1/2$ に対して

$$\inf_{\alpha:\alpha(2\eta-1) \leq 0} C_\eta(\alpha) > \inf_{\alpha \in \mathbb{R}} C_\eta(\alpha) \tag{3.2}$$

となります．式 (3.2) を満たす ϕ-マージン損失を用いれば，予測 ϕ-損失 $R_\phi(g)$ を最小にする関数 g はベイズ規則を与えます．不等式 (3.2) に現れる式を

$$\begin{aligned} H(\eta) &= \inf_{\alpha \in \mathbb{R}} C_\eta(\alpha), \\ H^-(\eta) &= \inf_{\alpha:\alpha(2\eta-1) \leq 0} C_\eta(\alpha) \end{aligned} \tag{3.3}$$

と定義します．

> **定義 3.2（判別適合的損失）[1]**
>
> マージン損失 ϕ から定義される (3.3) の関数 $H(\eta), H^-(\eta)$ に対して，任意の $\eta \in [0,1], \eta \neq 1/2$ で $H^-(\eta) > H(\eta)$ が成り立つとき，マージン損失 ϕ を **判別適合的損失**（classification calibrated loss）とよびます．

関数 $\psi_0(\theta), \theta \in [-1,1]$ を

$$\psi_0(\theta) = H^-\left(\frac{1+\theta}{2}\right) - H\left(\frac{1+\theta}{2}\right) \tag{3.4}$$

と定義します．マージン損失 ϕ が判別適合的であることと，$\theta \neq 0$ に対して $\psi_0(\theta) > 0$ が成り立つことは同値です．

関数 $\psi_0(\theta)$ の凸包を $\psi(\theta)$ とします．ここで関数 ψ_0 の凸包とは，次の条件 (i), (ii) を満たす凸関数 ψ を指します[*1]．

(i) $\psi_0 \geq \psi$．
(ii) 任意の凸関数 $\widetilde{\psi}$ に対して $\psi_0 \geq \widetilde{\psi}$ なら $\psi \geq \widetilde{\psi}$．

ただし，関数 ψ_1, ψ_2 に対して $\psi_1 \geq \psi_2$ とは，任意の θ に対して $\psi_1(\theta) \geq \psi_2(\theta)$ が成り立つことを意味します．凸包の定義と命題 B.6 の 3 より

$$\psi(\theta) = \sup_{\widetilde{\psi}} \left\{ \widetilde{\psi}(\theta) \,\middle|\, \psi_0 \geq \widetilde{\psi} \text{ となる任意の凸関数 } \widetilde{\psi} \right\}$$

となります．

補題 3.3 $\psi_0(\theta)$ の凸包 $\psi(\theta)$ は $(-1,1)$ 上で連続で，$\psi(0) = 0$ が成立します．また関数 $\psi_0(\theta)$ と $\psi(\theta)$ は $[-1,1]$ 上の偶関数です．

証明． 関数 $\psi(\theta)$ は $[-1,1]$ 上で凸関数です．よって定理 B.7 より内点 $(-1,1)$ 上で連続です．次に $\psi(0) = 0$ を示します．定義から $H^-(1/2) = H(1/2)$ が成り立ちます．(3.4) で定義される $\psi_0(\theta)$ は非負なので，その凸包 ψ も非負

[*1] 通常，関数 $f: \Theta \to \mathbb{R}$ の凸包は，エピグラフ $\mathcal{E} = \{(\theta, t) | \theta \in \Theta, t \geq \psi_0(\theta)\}$ の閉凸包 $\overline{\mathrm{conv}\mathcal{E}}$ から定義される関数 $\psi(\theta) = \inf\{t | (\theta, t) \in \overline{\mathrm{conv}\mathcal{E}}\}$ です．ここでは本文での定義を採用します．

です ($\psi_0 \geq 0$, 定数関数 0 は凸関数). したがって $0 = H^-(1/2) - H(1/2) = \psi_0(0) \geq \psi(0) \geq 0$ より $\psi(0) = 0$. 次に偶関数であることを示します. 等式 $C_\eta(\alpha) = C_{1-\eta}(-\alpha)$ より

$$H(\eta) = H(1-\eta)$$

となります. また $H^-(\eta)$ について, $\alpha(2\eta-1) \leq 0$ と $-\alpha(2(1-\eta)-1) \leq 0$ は同値なので,

$$H^-(\eta) = \inf_{\alpha:\alpha(2\eta-1)\leq 0} C_\eta(\alpha)$$
$$= \inf_{\alpha:-\alpha(2(1-\eta)-1)\leq 0} C_{1-\eta}(-\alpha) = H^-(1-\eta)$$

となります. したがって ψ_0 は偶関数です. さらに ψ は偶関数の凸包なので偶関数です. □

予測 ϕ-損失と予測判別誤差の関係は, 凸関数 $\psi(\theta)$ を用いて次のように与えられます.

定理 3.4 任意のマージン損失 ϕ, 任意の判別関数 $f: \mathcal{X} \to \mathbb{R}$, また任意の確率分布に対して

$$\psi(R_{\mathrm{err}}(f) - R^*_{\mathrm{err}}) \leq R_\phi(f) - R^*_\phi$$

が成り立ちます.

定理 3.4 の証明. ラベル Y が $+1$ となる条件付き確率を

$$\eta(X) = \Pr(Y = +1|X)$$

とします. このとき例 1.1 より, $\eta(X) - 1/2$ の正負でラベルを判別する仮説がベイズ規則となります[*2]. よって

$$R_{\mathrm{err}}(f) - R^*_{\mathrm{err}}$$
$$= \mathbb{E}_X[\mathbb{E}_Y[\mathbf{1}[\mathrm{sign}(f(X)) \neq Y] - \mathbf{1}[\mathrm{sign}(\eta(X) - 1/2) \neq Y] \mid X]]$$

となります. さらに

[*2] $\eta(X) = 1/2$ のとき ± 1 のどちらのラベルを割り当ててもベイズ誤差は同じです.

$$
\mathbb{E}_Y[\mathbf{1}[\mathrm{sign}\,(f(X)) \neq Y] - \mathbf{1}[\mathrm{sign}\,(\eta(X) - 1/2) \neq Y] \mid X]
$$
$$
= \left(\mathbf{1}[\mathrm{sign}\,(f(X)) \neq +1] - \mathbf{1}[\mathrm{sign}\,(\eta(X) - 1/2) \neq +1]\right)\eta(X)
$$
$$
+ \left(\mathbf{1}[\mathrm{sign}\,(f(X)) \neq -1] - \mathbf{1}[\mathrm{sign}\,(\eta(X) - 1/2) \neq -1]\right)(1 - \eta(X))
$$
$$
= \mathbf{1}[\mathrm{sign}\,(f(X)) \neq \mathrm{sign}\,(\eta(X) - 1/2)] \cdot |2\eta(X) - 1|
$$

となります．2つ目の等号は，$\mathrm{sign}\,(f(X)) = +1$ かつ $\mathrm{sign}\,(\eta(X) - 1/2) = -1$ の場合と，$\mathrm{sign}\,(f(X)) = -1$ かつ $\mathrm{sign}\,(\eta(X) - 1/2) = +1$ の場合をそれぞれ計算することで導出されます．凸関数 ψ に対してイェンセンの不等式を用い，不等式 $\psi \leq \psi_0$ と $\psi(0) = 0$ (補題 3.3) より

$$
\psi(R_{\mathrm{err}}(f) - R_{\mathrm{err}}^*)
$$
$$
\leq \mathbb{E}_X[\psi(\mathbf{1}[\mathrm{sign}\,(f(X)) \neq \mathrm{sign}\,(\eta(X) - 1/2)] \cdot |2\eta(X) - 1|)]
$$
$$
= \mathbb{E}_X[\mathbf{1}[\mathrm{sign}\,(f(X)) \neq \mathrm{sign}\,(\eta(X) - 1/2)] \psi(|2\eta(X) - 1|)]
$$
$$
\leq \mathbb{E}_X[\mathbf{1}[\mathrm{sign}\,(f(X)) \neq \mathrm{sign}\,(\eta(X) - 1/2)] \psi_0(|2\eta(X) - 1|)]
$$

となります．また $\psi_0(\theta) = \psi_0(-\theta)$ より

$$
\mathbb{E}_X[\mathbf{1}[\mathrm{sign}\,(f(X)) \neq \mathrm{sign}\,(\eta(X) - 1/2)] \psi_0(|2\eta(X) - 1|)]
$$
$$
= \mathbb{E}_X[\mathbf{1}[\mathrm{sign}\,(f(X)) \neq \mathrm{sign}\,(\eta(X) - 1/2)] \left(H^-(\eta(X)) - H(\eta(X))\right)]
$$
$$
\leq \mathbb{E}_X[\mathbf{1}[\mathrm{sign}\,(f(X)) \neq \mathrm{sign}\,(\eta(X) - 1/2)] \left(C_{\eta(X)}(f(X)) - H(\eta(X))\right)]
$$
$$
\leq \mathbb{E}_X[C_{\eta(X)}(f(X)) - H(\eta(X))]
$$
$$
= R_\phi(f) - R_\phi^*
$$

となります．最初の不等式は，$f(x)$ とベイズ規則で予測ラベルが異なる場合を考えていることから分かります．2つ目の不等号は

$$
0 \leq \mathbf{1}[\mathrm{sign}\,(f(X)) \neq \mathrm{sign}\,(\eta(X) - 1/2)] \leq 1,
$$
$$
C_{\eta(X)}(f(X)) - H(\eta(X)) \geq 0
$$

から導出されます．以上より

$$
\psi(R_{\mathrm{err}}(f) - R_{\mathrm{err}}^*) \leq R_\phi(f) - R_\phi^*
$$

が得られました． □

3.3 判別適合性定理：凸マージン損失

関数 ϕ が凸関数のとき，ϕ-マージン損失が判別適合的かどうか，次の**凸マージン損失の判別適合性定理** (classification-calibration theorem for convex margin loss) から確認することができます．

定理 3.5 (凸マージン損失の判別適合性定理) 凸関数 $\phi(m)$ が $m=0$ で微分可能で $\phi'(0) < 0$ を満たすとき，次が成り立ちます．

1. ϕ-マージン損失は判別適合的損失．
2. $\psi(\theta) = \phi(0) - H((1+\theta)/2)$.
3. 任意の可測関数列 $\{f_i\}_{i\in\mathbb{N}}$ と $\mathcal{X} \times \{+1, -1\}$ 上の任意の確率分布に対して，$R_\phi(f_i) \to R_\phi^*$ なら $R_{\mathrm{err}}(f_i) \to R_{\mathrm{err}}^*$ が成立．

上の定理の 3 から，予測 ϕ-損失が最小値に近ければ，予測判別誤差がベイズ誤差に近いことが分かります．したがって，経験 ϕ-損失を小さくする学習法で得られる判別関数が予測 ϕ-損失も小さくしていることが保証されれば，0-1 損失のもとで予測精度の高い判別器が得られると期待されます．このような議論により，サポートベクトルマシンの統計的一致性を証明することができます (第 5 章)．

以下，定理 3.5 の 1，2 を証明します．3.4 節の定理 3.6 で，一般のマージン損失に対して 3 を証明します．

証明．<u>1 の証明</u>：$\eta > 1/2$ のとき $C_\eta(\alpha)$ は $\alpha \leq 0$ で最小値をとらないことを示します．関数 $C_\eta(\alpha)$ は $\alpha = 0$ で微分可能なので

$$\lim_{\alpha \to 0} \frac{C_\eta(\alpha) - C_\eta(0)}{\alpha} = \eta\phi'(0) - (1-\eta)\phi'(0) = (2\eta-1)\phi'(0)$$

となります．また，仮定 $\phi'(0) < 0$ より，$\eta > 1/2$ に対して $C_\eta'(0) < 0$ となります．このとき，極限の定義から $\alpha_0 > 0$ が存在して

$$\frac{C_\eta(\alpha_0) - C_\eta(0)}{\alpha_0} < \frac{C_\eta'(0)}{2} < 0 \qquad (3.5)$$

となります.一方,関数 $C_\eta(\cdot)$ は $\mathbb{R}$ 上で凸関数なので,定理 B.8 より任意の $\alpha \in \mathbb{R}$ に対して不等式

$$C_\eta(\alpha) \geq C_\eta(0) + C'_\eta(0)(\alpha - 0)$$

が成り立ちます.したがって,$\alpha \leq \alpha_0/2$ を満たす $\alpha \in \mathbb{R}$ に対して

$$C_\eta(\alpha) \geq C_\eta(0) + \alpha C'_\eta(0) \geq C_\eta(0) + \frac{\alpha_0}{2} C'_\eta(0) > C_\eta(\alpha_0)$$

となります.最後の不等式は (3.5) から得られます.以上より,$\eta > 1/2$ のとき $C_\eta(\alpha)$ は $\alpha \leq 0$ で最小値をとりません.$\eta < 1/2$ のときも同様です.したがって ϕ-マージン損失は判別適合的です.

<u>2 の証明</u>:定義より $\phi(0) = C_\eta(0) \geq H^-(\eta)$ が成り立ちます.また ϕ の凸性から,$\alpha \in \mathbb{R}$ に対して $\phi(\alpha) \geq \phi(0) + \alpha \phi'(0)$ となります.よって

$$\begin{aligned}
\phi(0) &\geq \inf_{\alpha:\alpha(2\eta-1)\leq 0} \eta \phi(\alpha) + (1-\eta)\phi(-\alpha) \\
&\geq \inf_{\alpha:\alpha(2\eta-1)\leq 0} \eta(\phi(0) + \phi'(0)\alpha) + (1-\eta)(\phi(0) - \phi'(0)\alpha) \\
&= \phi(0) + \inf_{\alpha:\alpha(2\eta-1)\leq 0} \alpha(2\eta-1)\phi'(0) \\
&= \phi(0)
\end{aligned}$$

となります.したがって $\phi(0) = H^-(\eta)$ となり,$\psi_0(\theta) = \phi(0) - H((1+\theta)/2)$ を得ます.命題 B.6 の 3 より $H((1+\theta)/2)$ は凹関数となるので,ψ_0 は凸関数となります.したがって $\psi(\theta) = \psi_0(\theta)$ となります. □

定理 3.5 の逆も成り立ちます [1].すなわち,凸マージン損失 ϕ が判別適合的損失なら,$\phi(\alpha)$ は $\alpha = 0$ で微分可能で $\phi'(0) < 0$ を満たします.この証明には凸解析の詳細な知識が必要になるため,本書では省略します.

以下,代表的な凸マージン損失について判別適合的損失の条件を確認し,関数 $\psi(\theta)$ を示します.

例 3.1 (指数損失) ブースティングで使われる指数損失

$$\phi(m) = e^{-m}$$

を考えます.指数損失は $m = 0$ で微分可能で $\phi'(0) = -1$ なので,定理 3.5 よ

り判別適合的損失です．関数 $C_\eta(\alpha)$ は $\alpha = \frac{1}{2} \log \frac{\eta}{1-\eta}$ で最小値をとるので，

$$H(\eta) = C_\eta\left(\frac{1}{2} \log \frac{\eta}{1-\eta}\right) = 2\sqrt{\eta(1-\eta)}$$

となり，

$$\psi(\theta) = \phi(0) - H((1+\theta)/2) = 1 - \sqrt{1-\theta^2}$$

となります．関数 $\psi(\theta)$ は $\theta \in [0,1]$ で狭義単調増加関数です． □

例 3.2 (ロジスティック損失) ロジスティック回帰で使われる損失

$$\phi(m) = \log(1 + e^{-m})$$

は，$m=0$ で微分可能で $\phi'(0) = -1/2$ となるので，判別適合的損失です．関数 $C_\eta(\alpha)$ は $\alpha = \log \frac{\eta}{1-\eta}$ で最小値をとるので，

$$H(\eta) = C_\eta\left(\log \frac{\eta}{1-\eta}\right) = -\eta \log \eta - (1-\eta) \log(1-\eta)$$

となります．これは 2 値確率変数に対するエントロピーに一致します．関数 $\psi(\theta)$ は

$$\psi(\theta) = \log 2 + \frac{1+\theta}{2} \log \frac{1+\theta}{2} + \frac{1-\theta}{2} \log \frac{1-\theta}{2}$$

で与えられ，これは $\theta \in [0,1]$ に対して狭義単調増加関数です． □

例 3.3 (ヒンジ損失) サポートベクトルマシンで使われるヒンジ損失

$$\phi(m) = \max\{1-m, 0\}$$

は $m=0$ で微分可能で $\phi'(0) = -1$ となるので，判別適合的損失です．ヒンジ損失に対して

$$C_\eta(\alpha) = \begin{cases} -\eta\alpha + \eta, & \alpha \leq -1, \\ (1-2\eta)\alpha + 1, & -1 < \alpha \leq 1, \\ (1-\eta)\alpha + 1 - \eta, & 1 < \alpha, \end{cases}$$

となります．よって，$0 \leq \eta < 1/2$ のとき $\alpha = -1$ で最小値 2η をとり，

$1/2 < \eta \le 1$ のとき $\alpha = 1$ で最小値 $2(1-\eta)$ をとります．また $\eta = 1/2$ のときの最小値は 1 となります．このとき

$$H((1+\theta)/2) = \begin{cases} 1+\theta, & -1 < \theta < 0, \\ 1, & \theta = 0, \\ 1-\theta, & 0 < \theta < 1, \end{cases}$$

となり，

$$\psi(\theta) = \phi(0) - H((1+\theta)/2) = |\theta|$$

が得られます． □

例 3.4 (2 乗ヒンジ損失) L_2-サポートベクトルマシンでは **2 乗ヒンジ損失** (squared hinge loss)

$$\phi(m) = (\max\{1-m, 0\})^2$$

が用いられています．$\phi'(0) = -2 < 0$ が成り立つので判別適合的損失です．関数 $C_\eta(\alpha)$ は微分可能な凸関数で，

$$C'_\eta(\alpha) = -2\eta \max\{1-\alpha, 0\} + 2(1-\eta) \max\{1+\alpha, 0\}$$

となります．したがって $C_\eta(\alpha)$ は $\alpha = 2\eta - 1$ で最小値をとります．よって

$$H(\eta) = C_\eta(2\eta - 1) = 4\eta(1-\eta)$$

となるので

$$\psi(\theta) = 1 - (1-\theta^2) = \theta^2$$

を得ます． □

例 3.5 $\phi(\alpha) = \max\{-\alpha, 0\}$ とします．この関数は $\alpha = 0$ で微分可能ではありません．例 3.3 と同様に $C_\eta(\alpha)$ を直接計算すると，

$$C_\eta(\alpha) = \begin{cases} -\eta\alpha, & \alpha \le 0, \\ (1-\eta)\alpha, & \alpha > 0, \end{cases}$$

となります．したがって $C_\eta(\alpha)$ は，η の値によらず $\alpha = 0$ で最小値 0 を達

成します．よって $H^-((1+\theta)/2) = H((1+\theta)/2) = 0$ となるので，$\psi_0(\theta)$ と $\psi(\theta)$ は 0 に値をとる定数関数となります．したがって $\psi(R_{\mathrm{err}}(f) - R_{\mathrm{err}}^*) = 0 \leq R_\phi(f) - R_\phi^*$ となり，$R_\phi(f) \to R_\phi^*$ のとき $R_{\mathrm{err}}(f) \to R_{\mathrm{err}}^*$ は保証されません．実際，$R_\phi^* = 0$ であり，また $f(x) = c$ という定数関数に対して

$$R_\phi(f) = \Pr(Y = +1)\phi(c) + \Pr(Y = -1)\phi(-c)$$
$$= \Pr(Y = -\mathrm{sign}\,(c))|c|$$

より $R_\phi(f) - R_\phi^* \to 0\,(c \to 0)$ となります．一方，$R_{\mathrm{err}}(f) = \Pr(Y = -\mathrm{sign}\,(c))$ より $c > 0$ なら $R_{\mathrm{err}}(f) \to \Pr(Y = -1)(c \to 0)$ となりますが，これは必ずしもベイズ誤差に一致しません．したがって $\phi(\alpha) = \max\{-\alpha, 0\}$ は判別適合的損失ではありません． □

3.4 判別適合性定理：一般のマージン損失

本節では，凸とは限らないマージン損失について考えます．以下に示す**マージン損失の判別適合性定理** (classification-calibration theorem for margin loss) は判別適合的損失に対して成り立つ一般的性質を示します．また非凸なマージン損失の例として，ロバスト・サポートベクトルマシンで用いられるランプ損失について解説します．

定理 3.6 (判別適合性定理) 以下の 1, 2 は同値です．

1. ϕ-マージン損失は判別適合的．
2. 任意の可測関数列 $\{f_i\}_{i \in \mathbb{N}}$ と $\mathcal{X} \times \{+1, -1\}$ 上の任意の確率分布に対して，$R_\phi(f_i) \to R_\phi^*$ なら $R_{\mathrm{err}}(f_i) \to R_{\mathrm{err}}^*$ が成立．

定理 3.6 の証明を以下に示します．証明中で用いる補題 3.7 は，証明の後に示します．

定理 3.6 の証明． ϕ-マージン損失は判別適合的と仮定します．このとき補題 3.3 と補題 3.7 の 2 より，区間 $[-1, 1]$ 上の凸な偶関数 $\psi(\theta)$ は $\theta \in [0, 1)$ で連続，$\psi(0) = 0$，また $\theta \in (0, 1]$ に対して $\psi(\theta) > 0$ となります．このとき ψ は $[0, 1]$ 上で狭義単調増加関数となります．実際，$0 \leq \theta_1 < \theta_2 \leq 1$ として

$\theta_1 = \alpha \theta_2$ とおくと，$0 \leq \alpha < 1$ と $\psi(\theta_2) > 0$ より

$$\psi(\theta_1) \leq (1-\alpha)\psi(0) + \alpha\psi(\theta_2) < \psi(\theta_2)$$

となります．したがって，正の実数列 $\{\theta_i\} \subset [0,1]$ に対して $\psi(\theta_i) \to 0$ なら $\theta_i \to 0$ となります．定理 3.4 より，$R_\phi(f_i) \to R_\phi^*$ のとき $\psi(R_{\mathrm{err}}(f_i) - R_{\mathrm{err}}^*) \to 0$ となり，さらに上記の議論より $R_{\mathrm{err}}(f_i) - R_{\mathrm{err}}^* \to 0$ となります．

次に，ϕ-マージン損失は判別適合的損失ではないと仮定します．このとき，ある $\eta (\neq 1/2)$ と数列 $\{\alpha_i\}$ が存在して，$\alpha_i(2\eta-1) \leq 0$ と $C_\eta(\alpha_i) \to H(\eta)$ が成り立ちます．ここで $\mathcal{X} \times \{+1,-1\}$ 上の確率分布として，$\mathcal{X}$ のある 1 点 x_0 を確率 1 でとる分布 $\Pr(X = x_0) = 1, \Pr(Y = +1 | X = x_0) = \eta$ を考えます．また，関数列 $\{f_i\}$ として定数関数 $f_i(x) = \alpha_i, x \in \mathcal{X}$ を考えます．このとき，$\eta \neq 1/2$，$\alpha_i(2\eta-1) \leq 0$ より $\lim_{i \to \infty} R_{\mathrm{err}}(f_i) > R_{\mathrm{err}}^*$ となります．一方，仮定より $C_\eta(\alpha_i) \to H(\eta)$ なので，$\lim_{i \to \infty} R_\phi(f_i) = R_\phi^*$ が得られます．これは，2 が成立しないことを意味します． □

補題 3.7 ϕ-マージン損失から定義される $H(\eta), H^-(\eta), \psi(\theta)$ に対して以下が成立します．

1. $H(\eta)$ と $H^-(\eta)$ は区間 $[1/2, 1]$ 上で凹関数，区間 $(1/2, 1]$ で連続．
2. ϕ が判別適合的損失のとき，任意の $\theta \in (0,1]$ で $\psi(\theta) > 0$．

証明． 1 の証明：$H^-(\eta)$ と $H(\eta)$ は，η の 1 次関数 $C_\eta(\alpha)$ の集合に対する下限で定義されます．さらに $C_\eta(\alpha)$ は非負なので下限の値が定まります．また関数 $H^-(\eta)$ の定義より，$\eta \in [1/2, 1]$ のとき α の範囲は $\alpha \leq 0$ となり，η によらず共通です[*3]．よって命題 B.6 の 3 より，$H^-(\eta)$ と $H(\eta)$ は区間 $[1/2, 1]$ 上で凹関数となり，また定理 B.7 より開区間 $(1/2, 1)$ 上で連続関数となります．まず $H^-(\eta)$ の $\eta = 1$ での連続性を示します．$H^-(\eta)$ は $[1/2, 1]$ 上で凹関数なので $z \in [1/2, 1]$ を $1/2$ と 1 の凸和として表すと，$z = \alpha \cdot 1/2 + (1-\alpha) \cdot 1$ に対して $H^-(z) \geq \alpha H^-(1/2) + (1-\alpha) H^-(1)$ となります．この両辺について $z \to 1$ のときの下極限を考えると $\liminf_{z \to 1} H^-(z) \geq H^-(1)$ となります．また $H^-(1)$ の定義から，任意の $\varepsilon > 0$ に対して $\phi(\alpha_\varepsilon) \leq H^-(1) + \varepsilon$ となる $\alpha_\varepsilon \leq 0$ が存在します．ここで $(1-\eta)\phi(-\alpha_\varepsilon) \leq \varepsilon$ と $1/2 \leq \eta < 1$ を

[*3] $\eta = 1/2$ のとき α の範囲は $\alpha \in \mathbb{R}$ となりますが，$C_{1/2}(\alpha)$ が偶関数となるため $\alpha \leq 0$ としても下限の値は同じです．

満たす η をとります．任意の ε に対して，1 の近傍の η をとればこの不等式が成り立ちます．このとき

$$H^-(\eta) \leq C_\eta(\alpha_\varepsilon) \leq \phi(\alpha_\varepsilon) + (1-\eta)\phi(-\alpha_\varepsilon) \leq H^-(1) + 2\varepsilon$$

となります．ここで ε の値を固定して $\eta \to 1$ とするときの上極限をとることができ，

$$\limsup_{\eta \to 1} H^-(\eta) \leq H^-(1) + 2\varepsilon$$

が得られます．任意の $\varepsilon > 0$ に対して上の不等式が成り立つので，$\limsup_{\eta \to 1} H^-(\eta) \leq H^-(1)$ となります．以上より $\lim_{\eta \to 1} H^-(\eta) = H^-(1)$ が得られます．$H(\eta)$ についても同様の議論で $\lim_{\eta \to 1} H(\eta) = H(1)$ となることが分かります．

<u>2 の証明</u>：1 より $\psi_0(\theta) = H^-((1+\theta)/2) - H((1+\theta)/2)$ は $\theta \in (0,1]$ で連続です．ϕ が判別適合的損失のとき，定義より $0 < \theta \leq 1$ に対して $\psi_0(\theta) > 0$ となります．以下で $\psi(\theta) > 0 \, (\theta > 0)$ を示します．$\varepsilon > 0$ に対して，閉区間 $[\varepsilon, 1]$ 上での連続関数 $\psi_0(\theta)$ の最小値を $m_\varepsilon > 0$ とし，区分線形関数 $\widetilde{\psi}_\varepsilon(\theta)$ を $\widetilde{\psi}_\varepsilon(\theta) = 0 \, (0 \leq \theta \leq \varepsilon)$，$\widetilde{\psi}_\varepsilon(\theta) = (\theta - \varepsilon)m_\varepsilon/(1-\varepsilon) \, (\varepsilon \leq \theta \leq 1)$ と定義します．$\widetilde{\psi}_\varepsilon(\theta)$ は凸関数で $\psi_0(\theta) \geq \widetilde{\psi}_\varepsilon(\theta), \, 0 \leq \theta \leq 1$ を満たします．したがって $\theta \in [0,1]$ に対して，ψ_0 の凸包 ψ は区間 $[0,1]$ 上で $\psi \geq \widetilde{\psi}_\varepsilon$ となり，さらに $\theta \in (\varepsilon, 1]$ に対して $\psi(\theta) \geq \widetilde{\psi}_\varepsilon(\theta) > 0$ となります．任意の $\varepsilon > 0$ に対してこの不等式が成り立つので，$\theta \in (0,1]$ に対して $\psi(\theta) > 0$ となります． □

例 3.6 (ランプ損失) ロバスト・サポートベクトルマシンでは，ヒンジ損失の代わりに**ランプ損失** (ramp loss)

$$\phi(m) = \min\{1, \max\{1-m, 0\}\}$$

が使われます (図 3.2 左図)．ランプ損失は $m \leq 0$ で定数 1 をとるので，誤りに対して過度に大きなペナルティが課せられることがありません．このため，学習データに大きな外れ値が混入しても，安定して仮説を学習できると期待されます．以下で，ランプ損失は判別適合的であることを確認します．この ϕ-マージン損失は非凸なので定理 3.5 を適用できません．判別適合的か

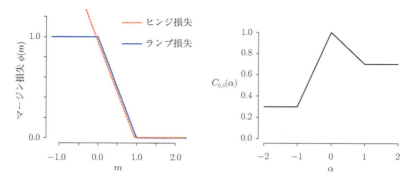

図 3.2 左図：ヒンジ損失とランプ損失のプロット．右図：ランプ損失に対する $C_{0.3}(\alpha)$ のプロット．

どうかを直接調べます．関数 $C_\eta(\alpha)$ は

$$C_\eta(\alpha) = \begin{cases} \eta, & \alpha \leq -1, \\ (1-\eta)\alpha + 1, & -1 < \alpha \leq 0, \\ -\eta\alpha + 1, & 0 < \alpha < 1, \\ 1-\eta, & 1 \leq \alpha \end{cases}$$

となります．図 3.2 右図に $\eta = 0.3$ のグラフを示します．一般に，$\eta < 1/2$ のとき $C_\eta(\alpha)$ は $\alpha \leq -1$ で最小値 η をとり，$\eta > 1/2$ のときは $\alpha \geq 1$ で最小値 $1 - \eta$ をとります．したがって

$$H(\eta) = \begin{cases} \eta, & 0 \leq \eta \leq 1/2, \\ 1-\eta, & 1/2 < \eta \leq 1, \end{cases}$$

となります．

次に $H^-(\eta)$ を計算します．$0 < \eta < 1/2$ のときは，$\alpha \geq 0$ の範囲では $\alpha \geq 1$ で最小値 $1 - \eta$ を達成し，また $1/2 < \eta < 1$ のときは，$\alpha \leq 0$ の範囲では $\alpha \geq -1$ で最小値 η を達成します．$\eta = 0, 1/2, 1$ の場合もそれぞれ計算して，結局

3.4 判別適合性定理：一般のマージン損失

$$H^-(\eta) = \begin{cases} 1-\eta, & 0 \leq \eta \leq 1/2, \\ \eta, & 1/2 < \eta \leq 1, \end{cases}$$

となります．したがって，$\theta \in [0,1]$ に対して

$$\psi_0(\theta) = H^-((1+\theta)/2) - H((1+\theta)/2) = \frac{1+\theta}{2} - \left(1 - \frac{1+\theta}{2}\right) = \theta$$

となります．関数 $\psi_0(\theta)$ は $\theta > 0$ で正値をとるので，ランプ損失は判別適合的であることが分かります．区間 $[-1,1]$ 上で $\psi_0(\theta) = |\theta|$ となるので，凸包は $\psi(\theta) = |\theta|$ となります．したがってランプ損失に対して

$$\psi(R_{\text{err}}(f) - R_{\text{err}}^*) = R_{\text{err}}(f) - R_{\text{err}}^* \leq R_\phi(f) - R_\phi^*$$

が成り立ちます．これは，ヒンジ損失で得られた不等式と一致しています．凸マージン損失とは異なり非凸な ϕ-マージン損失では，ランプ損失のように $\phi(m)$ が $m=0$ で微分可能でなくても判別適合的になることがあります．□

Chapter 4

カーネル法の基礎

> カーネル法で用いられるカーネル関数や再生核ヒルベルト空間について解説します．また応用上重要な表現定理を紹介します．加えて，高い表現力をもつ普遍カーネルの基本的な性質について説明します．

本章について，詳細は文献 [8, 13] を参照してください．

4.1 線形モデルを用いた学習

本節では線形モデルを用いた学習について説明し，カーネル法への導入とします．

判別問題や回帰問題では，入出力データ (x, y) から入出力の間の関数関係を学習することが主な目標です．このため，統計モデルとして入力空間上の関数の集合を設定する必要があります．以下の**線形モデル** (linear model)

$$\mathcal{M} = \{f(x) = \beta^T \phi(x) \,|\, \beta \in \mathbb{R}^D\}$$

が統計モデルとしてよく用いられます．ここで

$$\phi(x) = (\phi_1(x), \ldots, \phi_D(x))^T \in \mathbb{R}^D$$

は入力空間 $\mathcal{X}$ から D 次元空間 $\mathbb{R}^D$ への写像です．基底関数 $\phi_1(x), \ldots, \phi_D(x)$ の線形和で，さまざまな関数を表します．データから線形モデルのパラメータ β を適当な推定量 $\widehat{\beta}$ で推定し，関数 $\widehat{f}(x) = \widehat{\beta}^T \phi(x)$ を予測に利用します．

たとえば回帰問題では入力 x における出力 y の値を $\widehat{f}(x)$ で予測し，また 2 値判別問題では $\widehat{f}(x)$ の正負で 2 値ラベルを予測します．線形モデルの表現力は，主に基底関数の数に依存します．次元 D が大きければ，$\mathcal{M}$ の表現力は高くなります．しかし D が大きいと，パラメータ β を推定するための計算量が大きくなる傾向があります．

線形回帰モデルを例にして，計算量について説明します．データ

$$(x_1, y_1), \ldots, (x_n, y_n) \in \mathcal{X} \times \mathbb{R}$$

が観測されたとき，$n \times D$ 行列 X と n 次元ベクトル Y を

$$X = (\phi(x_1), \ldots, \phi(x_n))^T \in \mathbb{R}^{n \times D}, \quad Y = (y_1, \ldots, y_n)^T \in \mathbb{R}^n$$

とします．このとき y_i を $\beta^T \phi(x_i)$ で近似することを考えます．1.5.2 節において簡単な設定で示したように，次元 D が大きいと過剰適合のため予測精度が低くなることが知られています．そのため，推定量に対して適切な正則化 (1.5.3 節) を行う必要があります．ここでは正則化項として $\lambda \|\beta\|^2$ ($\|\beta\|^2 = \beta^T \beta$) を用いて，以下の損失を最小にする方法で，学習を行います．

$$\min_{\beta \in \mathbb{R}^D} \sum_{i=1}^n (y_i - \beta^T \phi(x_i))^2 + \lambda \|\beta\|^2. \tag{4.1}$$

最小値を達成するパラメータを $\widehat{\beta}$ とすると

$$\widehat{\beta} = (X^T X + \lambda I_D)^{-1} X^T Y$$

となります．ここで I_D は D 次元単位行列を表します．$\widehat{\beta}$ を計算するためには D 次元線形方程式を解く必要があります．次元 D が非常に大きいとき，この数値計算は困難になります．さらに $D = \infty$ として $\mathcal{M}$ を適当な関数空間とすると表現力は大きくなりますが，このままでは $\widehat{\beta}$ に関する線形方程式を数値的に解くことができません．以下で，高次元モデルを用いた推定量の効率的な計算法について考察し，カーネル法との関連を説明します．

推定量 $\widehat{\beta}$ の適切な表現について考えます．式 (4.1) の目的関数において，パラメータ β に関連する項は内積 $\beta^T \phi(x_i)$ とノルム $\|\beta\|^2$ です．ここで $\phi(x_1), \ldots, \phi(x_n) \in \mathbb{R}^D$ で張られる $\mathbb{R}^D$ の部分空間を S とし，その直交補空

間を $S^\perp$ とします.パラメータ β を直交分解して

$$\beta = \beta_S + \beta_{S^\perp}, \quad \beta_S \in S, \ \beta_{S^\perp} \in S^\perp$$

とします.定義より $i = 1, \ldots, n$ について $\beta_{S^\perp}^T \phi(x_i) = 0$ となるので,(4.1) の目的関数は

$$\sum_{i=1}^n (y_i - \beta_S^T \phi(x_i))^2 + \lambda \|\beta_S\|^2 + \lambda \|\beta_{S^\perp}\|^2$$

となります.したがって最適解は $\beta_{S^\perp} = 0$,すなわち $\beta \in S$ において達成されることが分かります.以上の議論から,最適解の候補として $\phi(x_i)$ の線形和で表されるパラメータを考えておけば十分です.そこで β を

$$\beta = \sum_{i=1}^n \alpha_i \phi(x_i)$$

と表します.さらに関数 $k(x, x')$ を

$$k(x, x') = \phi(x)^T \phi(x'), \tag{4.2}$$

また $n \times n$ 行列 K を $K_{ij} = k(x_i, x_j)$ とおくと,(4.1) は

$$\sum_{i=1}^n \bigl(y_i - \sum_{j=1}^n K_{ij}\alpha_j\bigr)^2 + \lambda \sum_{i,j=1}^n \alpha_i \alpha_j K_{ij}$$

となります.上式を最小にする α を $\widehat{\alpha} \in \mathbb{R}^n$ とおくと

$$\widehat{\alpha} = (K + \lambda I_n)^{-1} Y$$

となります.この結果,回帰関数の推定量として

$$\widehat{f}(x) = \widehat{\beta}^T \phi(x) = \sum_{i=1}^n \widehat{\alpha}_i \phi(x_i)^T \phi(x) = \sum_{i=1}^n \widehat{\alpha}_i k(x_i, x) \tag{4.3}$$

が得られます.

以上より次のことが分かります.

- 回帰関数 $\widehat{f}(x)$ を求めるためには,関数 $k(x, x')$ が計算できれば十分で,基底関数 $\phi(x)$ を直接計算する必要はありません.

- 行列 $K \in \mathbb{R}^{n \times n}$ が与えられれば，$\widehat{\alpha}$ の計算は $\phi(x)$ の次元 D には依存せず，n 次元線形方程式に帰着されます．

部分空間 S に着目してパラメータ $\widehat{\beta}$ の別表現を与えているので，$\phi(x)$ と $k(x, x')$ のどちらを用いても，求まる回帰関数 $\widehat{f}(x)$ は同じです．ただし，関数 $k(x, x')$ が簡単に計算できるとき，推定量の計算コストは D には依存せず，主にデータ数 n に依存します．関数 $k(x, x')$ を用いることで，線形モデル $\mathcal{M}$ に基づく学習を効率的に行うことができます．このような考え方は，カーネル法として一般化されます．

4.2 カーネル関数

本節ではカーネル関数を定義し，いくつかの性質を述べます．式 (4.2) の関数 $k(x, x')$ の主な性質として，行列 $K(K_{ij} = k(x_i, x_j))$ が対称非負定値行列となることが挙げられます．実際，$c_1, \ldots, c_n \in \mathbb{R}$ に対して

$$\sum_{i,j} c_i c_j K_{ij} = \sum_{i,j} c_i c_j \phi(x_i)^T \phi(x_j) = \Big\| \sum_i c_i \phi(x_i) \Big\|^2 \geq 0$$

となります．この性質に着目して，カーネル関数を次のように定義します．

> **定義 4.1（カーネル関数）**
>
> 関数 $k : \mathcal{X}^2 \to \mathbb{R}$ が次の対称非負定値性を満たすとき，k を $\mathcal{X}$ 上の**カーネル関数** (kernel function)，またはカーネルとよびます．
> **対称非負定値性** (non-negative definiteness)：任意の $x_1, \ldots, x_n \in \mathcal{X}, n \geq 1$ に対して，$n \times n$ 行列 $K = (K_{ij})$ を $K_{ij} = k(x_i, x_j)$ とするとき K は対称非負定値行列，すなわち K は対称行列で，任意の $c_1, \ldots, c_n \in \mathbb{R}$ に対して $\sum_{i,j=1}^n c_i c_j K_{ij} \geq 0$ が成立．

より正確に，非負定値カーネル関数ということもあります．また，定義にある行列 K を**グラム行列** (Gram matrix) といいます．

カーネル関数が与えられれば，線形モデル $\mathcal{M}$ を明示せずに推定量 (4.3) が計算できます．しかし，学習アルゴリズムによって得られる推定量の統計的

性質を調べるときには，カーネル関数に対応する統計モデルを明示して議論する必要があります．カーネル関数と統計モデルとの対応については 4.3 節で解説します．

定理 4.2 $k, k_\ell, \ell = 1, 2, \ldots$ を $\mathcal{X}$ 上のカーネル関数とします．このとき次の性質が成り立ちます．

1. 任意の $x \in \mathcal{X}$ で $k(x, x) \geq 0$.
2. $a, b \geq 0$ として $ak_1 + b, k_1 + k_2, k_1 \cdot k_2$ は $\mathcal{X}$ 上のカーネル関数．
3. 各点で極限 $k_\infty = \lim_{\ell \to \infty} k_\ell$ が存在するとき，k_∞ は $\mathcal{X}$ 上のカーネル関数．

証明． 1 の証明：カーネル関数の $n = 1$ における非負定値性から明らかです．

2 の証明：$ak_1 + b, k_1 + k_2$ の対称非負定値性は容易に分かります．カーネル関数の積 $k_1 \cdot k_2$ について考えます．集合 $\mathcal{X}$ の点 $x_1, \ldots, x_n$ に対して，k_1, k_2 から定義されるグラム行列をそれぞれ K_1, K_2 とし，$n \times n$ 行列 $K = (K_{ij})$ を $K_{ij} = (K_1)_{ij} \times (K_2)_{ij}$ と定義します[*1]．K_1 は対称非負定値なので，直交行列で対角化して $K_1 = \sum_{\ell=1}^n \lambda_\ell e_\ell e_\ell^T$ と表せます．ここで $\lambda_1, \ldots, \lambda_n \geq 0$ は固有値，$e_1, \ldots, e_n \in \mathbb{R}^n$ は互いに直交する固有ベクトルです．ベクトル e_ℓ の i 番目の要素を $e_{\ell,i}$ とすると $c_1, \ldots, c_n \in \mathbb{R}$ に対して

$$\sum_{ij} c_i c_j K_{ij} = \sum_{ij} c_i c_j (K_2)_{ij} \big(\sum_{\ell=1}^n \lambda_\ell e_\ell e_\ell^T\big)_{ij}$$
$$= \sum_{\ell=1}^n \lambda_\ell \sum_{ij} (c_i e_{\ell,i})(c_j e_{\ell,j})(K_2)_{ij}$$

となります．ここで K_2 の非負定値性より $\sum_{ij}(c_i e_{\ell,i})(c_j e_{\ell,j})(K_2)_{ij} \geq 0$ となり，また $\lambda_\ell \geq 0$ より $\sum_{ij} c_i c_j K_{ij} \geq 0$ が得られます．

3 の証明：極限 k_∞ の対称性は明らかです．非負定値性より $\sum c_i c_j k_\ell(x_i, x_j) \geq 0$ となり，極限は $\sum c_i c_j k_\infty(x_i, x_j)$ となります．非負値の極限は非負値なので k_∞ の非負定値性が成り立ちます． □

カーネル関数の例をいくつか紹介します．

[*1] K は K_1, K_2 のアダマール積とよばれます．

例 4.1 (線形カーネル (linear kernel)) 線形判別を行うカーネル関数で，
$$k(x,x') = x^T x'$$
と定義されます．テキストデータのように，学習データの入力ベクトル x の要素に 0 が多く含まれる場合に有効です． □

例 4.2 (多項式カーネル (polynomial kernel))
$$k(x,x') = (x^T x' + 1)^d, \quad d \in \mathbb{N}$$
画像データの判別に利用されています．非負定値性を示します．定理 4.2 の 2 から $(x,x') \mapsto x^T x' + 1$ はカーネル関数，またカーネル関数の積もカーネル関数なので，$(x^T x' + 1)^d$ はカーネル関数です． □

例 4.3 (ガウシアンカーネル (Gaussian kernel))
$$k(x,x') = \exp(-\gamma \|x-x'\|^2), \quad \gamma > 0$$
データに事前知識がないときに使われる汎用的なカーネル関数です．表現力が高いのが特徴です．実際，4.6 節で紹介する普遍カーネルの例になっています．以下，非負定値性を示します．ガウシアンカーネルを
$$\exp(-\gamma \|x-x'\|^2) = e^{-\gamma\|x\|^2} e^{-\gamma\|x'\|^2} e^{2\gamma x^T x'}$$
と変形します．関数 $e^{2\gamma x^T x'}$ は
$$e^{2\gamma x^T x'} = \sum_{\ell=0}^{\infty} \frac{(2\gamma)^\ell}{\ell!} (x^T x')^\ell$$
となります．定理 4.2 の 2 より，各項 $\frac{(2\gamma)^\ell}{\ell!}(x^T x')^\ell$ はカーネル関数となるので，定理 4.2 の 3 から，極限 $e^{2\gamma x^T x'}$ もカーネル関数です．また $(x,x') \mapsto e^{-\gamma\|x\|^2} e^{-\gamma\|x'\|^2}$ がカーネル関数となることは，グラム行列 K と $c_1,\ldots,c_n \in \mathbb{R}$ に対して $\sum_{i,j} c_i c_j K_{ij} = (\sum_i c_i e^{-\gamma\|x_i\|^2})^2 \geq 0$ となることから分かります．以上より，ガウシアンカーネルはカーネル関数の積で表されるので，カーネル関数です． □

4.3 再生核ヒルベルト空間

4.3.1 カーネル関数から生成される内積空間

4.1節で示した推定量 $\hat{f}(x)$ は線形モデル $\mathcal{M}$ に含まれ，関数 $\phi(x)^T\phi(x')$ の線形和で与えられます．関数 $\phi(x)^T\phi(x')$ の代わりに一般のカーネル関数を用いるとき，推定量はカーネル関数の線形和で与えられます．そこで，カーネル関数の線形和で生成される線形空間 $\mathcal{H}_0$ を

$$\mathcal{H}_0 = \left\{ f(x) = \sum_{i=1}^m \alpha_i k(z_i, x) \,\middle|\, \alpha_i \in \mathbb{R},\, z_i \in \mathcal{X},\, m \in \mathbb{N} \right\} \tag{4.4}$$

と定義します．$\mathcal{H}_0$ は $\mathcal{X}$ 上で定義される実数値関数

$$x \longmapsto \sum_{i=1}^m \alpha_i k(z_i, x)$$

の集合です．この定義では，和の個数 m も可変になっています．また z_i は観測データとは限らず，入力空間の任意の点としています．カーネル関数を用いた学習では，$\mathcal{H}_0$ に含まれる関数を用いて予測などを行います．

回帰関数や判別関数を学習するアルゴリズムを記述する場合には，カーネル関数から生成される線形空間 $\mathcal{H}_0$ を定めておけば十分です．一方，学習結果の統計的性質を調べるときは，一般に $\mathcal{H}_0$ は完備な距離空間とはならないため，収束性の議論などが困難になります．これについては 4.3.2 節で解説します．

線形空間 $\mathcal{H}_0$ に内積を定義します．内積によって $\mathcal{H}_0$ に幾何学的な構造が定義され，距離や角度を測ることが可能になります．これは学習アルゴリズムの定量的な解析に役立ちます．また適切に内積を定義することで，アルゴリズムの挙動を射影などを用いて直感的に理解することができます．

まず $\mathcal{H}_0$ 上の双線形関数[*2] を

[*2] 2個の線形空間の直積集合 $U \times V$ から線形空間 W への写像を φ とします．任意の $b \in V$ について $x \in U$ を $\varphi(x, b) \in W$ へ写す写像が線形であり，かつ，任意の $a \in U$ について $y \in V$ を $\varphi(a, y) \in W$ へ写す写像もまた線形であるとき，写像 φ は **双線形** (bilinear) である，といいます．2個のベクトルから内積を作る操作は双線形写像の一例です．

$$\langle k(x_1, \cdot), k(x_2, \cdot) \rangle = k(x_1, x_2), \quad x_1, x_2 \in \mathcal{X} \tag{4.5}$$

から定めます．ここで $k(x', \cdot) \in \mathcal{H}_0$ は $x \mapsto k(x', x)$ で定義される $\mathcal{X}$ 上の関数です．まず $\mathcal{H}_0$ 上の双線形関数として矛盾がないこと (well-defined) を示します．$\mathcal{H}_0$ の要素 $f = \sum_i \alpha_i k(x_i, \cdot), g = \sum_j \beta_j k(x_j, \cdot)$ に対して，

$$\langle f, g \rangle = \sum_{i,j} \alpha_i \beta_j k(x_i, x_j) = \sum_j f(x_j) \beta_j = \sum_i g(x_i) \alpha_i$$

となり，$\langle f, g \rangle$ の値は関数 f, g の関数値のみに依存し，線形和の表し方に依存しません．したがって (4.5) に基づいて $\mathcal{H}_0$ 上の双線形関数が定義されます．ここで $g = k(x, \cdot)$ とおくと

$$\langle f, k(x, \cdot) \rangle = f(x), \quad f \in \mathcal{H}_0 \tag{4.6}$$

となります．これは**再生性** (reproducing property) とよばれる重要な性質です．再生性を用いて，データ点における関数の評価値から内積を計算することができます．

双線形関数 $\langle f, g \rangle$ は $\mathcal{H}_0$ 上の内積の定義を満たすことを示します．まず非負値性 $\langle f, f \rangle \geq 0$ は，行列 $K_{ij} = k(x_i, x_j)$ の非負定値性から分かります．次に $\langle f, f \rangle = 0$ なら f は零関数になることを示します．非負値性より，$\langle f + tg, f + tg \rangle \geq 0$ が任意の $f, g \in \mathcal{H}_0$ と $t \in \mathbb{R}$ に対して成り立ちます．変数 t に関する 2 次式と見ると，判別式が 0 以下となることから，コーシー・シュワルツの不等式

$$|\langle f, g \rangle|^2 \leq \langle f, f \rangle \langle g, g \rangle$$

が得られます．したがって $\langle f, f \rangle = 0$ のとき，再生性 (4.6) と上記のコーシー・シュワルツの不等式から

$$|f(x)|^2 = |\langle f, k(x, \cdot) \rangle|^2 \leq \langle f, f \rangle k(x, x) = 0$$

が任意の $x \in \mathcal{X}$ で成り立ちます．よって f は零関数であることが分かります．以上より，$\langle f, g \rangle$ が線形空間 $\mathcal{H}_0$ 上の内積であることが分かりました．

4.3.2　内積空間の完備化

収束性の議論に必要となる完備性について解説します．詳細は文献 [13] を

参照してください．まず完備ノルム空間を定義します．ノルム $\|\cdot\|_{\mathcal{H}}$ をもつノルム空間 $\mathcal{H}$ において，点列 $\{f_n\}_{n\in\mathbb{N}} \subset \mathcal{H}$ が $\lim_{n,m\to\infty} \|f_n - f_m\|_{\mathcal{H}} = 0$ を満たすとき，$\{f_n\}$ をコーシー列といいます．任意のコーシー列 $\{f_n\}$ に対して $f \in \mathcal{H}$ が存在して $\lim_{n\to\infty} \|f_n - f\|_{\mathcal{H}} = 0$ となるとき**完備性** (completeness) を満たすといい，$\mathcal{H}$ を**完備ノルム空間** (complete normed vector space)，または**バナッハ空間** (Banach space) とよびます．4.3.1 節で定義した内積空間 $\mathcal{H}_0$ は，内積から定義されるノルムに関して，一般に完備ではありません．しかし完備化という操作によって，$\mathcal{H}_0$ を稠密に含む完備な内積空間 $\mathcal{H}$ を構成することができます．

以下，ノルムが内積から定義される場合の完備性について考察します．まずヒルベルト空間の定義を示します．

定義 4.3 内積空間 $(\mathcal{H}, \langle\cdot,\cdot\rangle_{\mathcal{H}})$ が，内積から定まるノルムに関して完備性を満たすとき，$\mathcal{H}$ を**ヒルベルト空間** (Hilbert space) といいます．

カーネル関数 k から生成される内積空間 $\mathcal{H}_0$ が無限次元線形空間になるとき，一般には完備性を満たしません．しかし，内積空間 $(\mathcal{H}_0, \langle\cdot,\cdot\rangle)$ を完備化して，以下の条件を満たすヒルベルト空間 $(\mathcal{H}, \langle\cdot,\cdot\rangle_{\mathcal{H}})$ を構成することができます．

1. 線形写像 $j : \mathcal{H}_0 \to \mathcal{H}$ が存在して，任意の $f, g \in \mathcal{H}_0$ に対して $\langle f, g \rangle = \langle j(f), j(g) \rangle_{\mathcal{H}}$，すなわち j は等長写像．
2. $j(\mathcal{H}_0)$ は $\mathcal{H}$ のなかで稠密．すなわち $\langle\cdot,\cdot\rangle_{\mathcal{H}}$ から定まるノルムを $\|\cdot\|_{\mathcal{H}}$ とすると，任意の $f \in \mathcal{H}$ に対して点列 $\{f_n\} \subset j(\mathcal{H}_0)$ が存在して，$\lim_{n\to\infty} \|f_n - f\|_{\mathcal{H}} = 0$．

等長性から線形関数 j は 1 対 1 写像となり，$\mathcal{H}_0$ と $j(\mathcal{H}_0)$ は内積空間として同一視できます．$\mathcal{H}_0$ を完備化した空間として $\mathcal{H}$ が得られます．

完備化 (completion) の一般論について補足します．内積空間 $(\mathcal{H}_0, \langle\cdot,\cdot\rangle)$ の内積から定まるノルムを $\|\cdot\|$ とします．$\mathcal{H}_0$ を完備化するために，まず $\mathcal{H}_0$ のコーシー列全体を

$$\widetilde{\mathcal{H}}_0 = \{\{f_n\} \subset \mathcal{H}_0 \mid \lim_{n,m\to\infty} \|f_n - f_m\| = 0\}$$

とします．集合 $\widetilde{\mathcal{H}}_0$ は，$a, b \in \mathbb{R}$ に対して $a\{f_n\} + b\{g_n\} = \{af_n + bg_n\}$ な

どと定義することで線形空間になります．ここで $\widetilde{\mathcal{H}}_0$ に同値関係

$$\{f_n\} \sim \{g_n\} \iff \lim_{n \to \infty} \|f_n - g_n\| = 0$$

を定義し，$\widetilde{\mathcal{H}}_0$ をこの同値関係で割った空間を $\widetilde{\mathcal{H}}$ とします．代表元を $[\{f_n\}] \in \widetilde{\mathcal{H}}$ と表します．線形写像 $j: \mathcal{H}_0 \to \widetilde{\mathcal{H}}$ を

$$j(f) = [\{f, f, f, \ldots\}],$$

また内積 $\langle \cdot, \cdot \rangle_{\widetilde{\mathcal{H}}}$ を

$$\langle [\{f_n\}], [\{g_n\}] \rangle_{\widetilde{\mathcal{H}}} = \lim_{n \to \infty} \langle f_n, g_n \rangle$$

と定めれば，$\widetilde{\mathcal{H}}$ が $\mathcal{H}_0$ を完備化した線形空間であることが確認できます．

ここで注意すべき点があります．完備化した空間 $\widetilde{\mathcal{H}}$ の元は，$\mathcal{H}_0$ 内のコーシー列の同値類，もしくはその代表元となります．したがって，このままでは $\widetilde{\mathcal{H}}$ の元は関数ではないので，素朴に統計モデルとして考えることができません．しかし $\mathcal{H}_0$ の内積に関する再生性を用いることで，$\widetilde{\mathcal{H}}$ の元を $\mathcal{X}$ 上の関数と対応付けることができます．まず同値類 $[\{f_n\}] \in \widetilde{\mathcal{H}}$ に対して，極限値 $\lim_{n \to \infty} f_n(x)$ が存在し，それは代表元のとり方に依存しないことを確認します．実際，各 $x \in \mathcal{X}$ に対して $\{f_n(x)\}_{n \in \mathbb{N}}$ は実数上のコーシー列なので極限値 $\bar{f}(x)$ が存在します．また $\|f_n - g_n\| \to 0$ のとき $\mathcal{H}_0$ の再生性から

$$|f_n(x) - g_n(x)| \leq \|f_n - g_n\| \sqrt{k(x,x)} \longrightarrow 0$$

となるので，$g_n(x)$ も収束して極限値は $\bar{f}(x)$ となります．これにより $[\{f_n\}] \in \widetilde{\mathcal{H}}$ を $\mathcal{X}$ 上の関数

$$x \longmapsto \bar{f}(x) = \lim_{n \to \infty} f_n(x)$$

と対応付けることができます．さらに，この対応関係は線形かつ 1 対 1 であることを示すことができます．よって $\widetilde{\mathcal{H}}$ を $\mathcal{X}$ 上の関数からなる線形空間 $\mathcal{H}$ と同一視できます．内積 $\langle \cdot, \cdot \rangle_{\mathcal{H}}$ を

$$\langle \bar{f}, \bar{g} \rangle_{\mathcal{H}} = \langle [\{f_n\}], [\{g_n\}] \rangle_{\widetilde{\mathcal{H}}}$$

とします．このとき

$$\langle \bar{f}, k(x,\cdot)\rangle_{\mathcal{H}} = \lim_{n\to\infty}\langle f_n, k(x,\cdot)\rangle = \lim_{n\to\infty} f_n(x) = \bar{f}(x)$$

となり，$\mathcal{H}$ 上で再生性が成り立つことが分かります．

以上の議論の流れをまとめておきます．

1. $\mathcal{X}$ 上のカーネル関数 k から内積空間 $\mathcal{H}_0$ を生成．
2. 内積空間 $\mathcal{H}_0$ を完備化して $\widetilde{\mathcal{H}}$ を構成．
3. $\widetilde{\mathcal{H}}$ の要素を $\mathcal{X}$ 上の関数と同一視して，$\mathcal{X}$ 上の関数からなるヒルベルト空間 $(\mathcal{H}, \langle \cdot, \cdot\rangle_{\mathcal{H}})$ を構成．

このようにして，カーネル関数からヒルベルト空間 $(\mathcal{H}, \langle \cdot, \cdot\rangle_{\mathcal{H}})$ を導出することができます．ヒルベルト空間 $\mathcal{H}$ を完備性をもつ線形モデルとみなすことで，$\mathcal{H}$ を用いる学習アルゴリズムの統計的性質を詳細に調べることが可能になります．

ヒルベルト空間の他の例として，2乗可積分な関数から定義される $\mathcal{L}_2(Q)$ 空間 (例 C.3) などがあります．$\mathcal{L}_2(Q)$ 空間の元は，関数に適当な同値関係を入れて定義される同値類の集合になっています．具体的には，関数 f, g に対して

$$\mathbb{E}_{X\sim Q}[\mathbf{1}[f(X) \neq g(X)]] = 0$$

のとき，f と g は同値とします[*3]．導入された同値関係から分かるように，同値類では関数の値 $f(x)$ は意味をもちません．一方，カーネル関数から構成される再生核ヒルベルト空間の元は関数と同一視できるので，通常の統計モデルとして用いることができます．

4.3.3　再生核ヒルベルト空間とカーネル関数

カーネル関数 k から内積空間 $\mathcal{H}_0$ を構成し，その完備化空間としてヒルベルト空間 $\mathcal{H}$ が得られました．これは再生核ヒルベルト空間とよばれるヒルベルト空間の構成法の一例になっています．本節では，再生核ヒルベルト空間を定義し，カーネル関数との対応関係について解説します．

---

*3　たとえば $\mathbb{R}$ 上の関数 f, g が有限個の点でのみ異なる値をとる場合．

4.3 再生核ヒルベルト空間

定義 4.4（集合 $\mathcal{X}$ 上の再生核ヒルベルト空間）

集合 $\mathcal{X}$ 上の関数からなるヒルベルト空間を $(\mathcal{H}, \langle \cdot, \cdot \rangle_{\mathcal{H}})$ とします．関数 $k : \mathcal{X}^2 \to \mathbb{R}$ が存在して，任意の $x \in \mathcal{X}$ と $f \in \mathcal{H}$ に対して

$$k(x, \cdot) \in \mathcal{H}, \quad \langle f, k(x, \cdot) \rangle_{\mathcal{H}} = f(x)$$

が成り立つとき，$\mathcal{H}$ を集合 $\mathcal{X}$ 上の**再生核ヒルベルト空間** (reproducing kernel Hilbert space) といいます．また関数 k を**再生核** (reproducing kernel) といいます．

再生核ヒルベルト空間を RKHS と略すこともあります．

再生核ヒルベルト空間とカーネル関数は 1 対 1 に対応します．以下でこれを示します．

補題 4.5 再生核ヒルベルト空間 $(\mathcal{H}, \langle \cdot, \cdot \rangle_{\mathcal{H}})$ の再生核はカーネル関数です．また，再生核ヒルベルト空間 $\mathcal{H}$ の再生核は一意的です．

証明． 再生核を $k(x, x')$ とします．内積の対称性より

$$k(x, x') = \langle k(x, \cdot), k(x', \cdot) \rangle_{\mathcal{H}} = \langle k(x', \cdot), k(x, \cdot) \rangle_{\mathcal{H}} = k(x', x)$$

となります．また $x_1, \ldots, x_n \in \mathcal{X}$ と $c_1, \ldots, c_n \in \mathbb{R}$ に対して

$$\begin{aligned}
\sum_{i,j} c_i c_j k(x_i, x_j) &= \sum_{i,j} c_i c_j \langle k(x_j, \cdot), k(x_i, \cdot) \rangle_{\mathcal{H}} \\
&= \langle \sum_j c_j k(x_j, \cdot), \sum_i c_i k(x_i, \cdot) \rangle_{\mathcal{H}} \\
&= \big\| \sum_j c_j k(x_j, \cdot) \big\|_{\mathcal{H}}^2 \geq 0
\end{aligned}$$

となり，$k(x_i, x_j)$ を ij 成分とする $n \times n$ 行列が対称非負定値性を満たすことが分かります．したがって $k(x, x')$ はカーネル関数です．次に一意性を示します．カーネル関数 k_1 と k_2 がともに $\mathcal{H}$ の再生核のとき，上で示した対称性を用いると，

$$k_1(x, x') = \langle k_1(x, \cdot), k_2(x', \cdot) \rangle_{\mathcal{H}} = \langle k_2(x', \cdot), k_1(x, \cdot) \rangle_{\mathcal{H}}$$

$$= k_2(x', x) = k_2(x, x')$$

となります．したがって $k_1 = k_2$ が $\mathcal{X}^2$ 上で成立します． □

補題 4.5 より，再生核ヒルベルト空間に対して，再生核となるようなカーネル関数が一意に存在することが分かります．一方，4.3.2 節で示したように，カーネル関数 $k : \mathcal{X}^2 \to \mathbb{R}$ が与えられたとき，$\mathcal{X}$ 上の関数からなるヒルベルト空間 $\mathcal{H}$ を定義することができました．さらに $\mathcal{H}$ と k の間には再生性が成り立つので，$\mathcal{H}$ は k を再生核にもつ再生核ヒルベルト空間であることが分かります．以上より，カーネル関数と再生核ヒルベルト空間の間に 1 対 1 対応が存在することが分かりました．

定理 4.2 で示したように，カーネル関数の和や積もカーネル関数になります．これらに対応する再生核ヒルベルト空間は以下のようになります (文献 [13] の定理 2.14，2.15 を参照)．

定理 4.6 $\mathcal{X}$ 上のカーネル関数 $k_1(x, x')$，$k_2(x, x')$ に対して再生核ヒルベルト空間 $\mathcal{H}_1$，$\mathcal{H}_2$ が対応するとします．このとき，$k_1(x, x') + k_2(x, x')$ に対応する再生核ヒルベルト空間は

$$\{f_1 + f_2 \mid f_1 \in \mathcal{H}_1, f_2 \in \mathcal{H}_2\}$$

となります．また，$k_1(x, x')k_2(x, x')$ に対応する再生核ヒルベルト空間は

$$\left\{ \sum_{i=1}^n f_1^{(i)}(x) f_2^{(i)}(x) \,\middle|\, n \in \mathbb{N}, f_1^{(i)} \in \mathcal{H}_1, f_2^{(i)} \in \mathcal{H}_2 \right\}$$

を完備化した空間となります．

カーネル関数の性質から再生核ヒルベルト空間の元の性質が定まります．とくに，以下の定理が成り立ちます．

定理 4.7 有界で連続なカーネル関数 $k : \mathcal{X}^2 \to \mathbb{R}$ に対応する再生核ヒルベルト空間 $\mathcal{H}$ の元は連続関数です．

上の定理において，入力空間 $\mathcal{X}$ は一般の位相空間とします．

証明． カーネル関数 $\{k(x, \cdot) \mid x \in \mathcal{X}\}$ で張られる線形空間 $\mathcal{H}_0$ を完備化して，再生核ヒルベルト空間 $(\mathcal{H}, \langle \cdot, \cdot \rangle_\mathcal{H})$ が得られます．ここで $\mathcal{H}_0$ の元は連続関

数です.また,$\mathcal{H}_0$ は $(\mathcal{H}, \langle \cdot, \cdot \rangle_\mathcal{H})$ で稠密なので任意の $f \in \mathcal{H}$ に対して関数列 $\{f_n\}_{n \in \mathbb{N}} \subset \mathcal{H}_0$ が存在して $\|f_n - f\|_\mathcal{H} \to 0 \, (n \to \infty)$ となります.よって,再生性とカーネルの有界性より $\sup_{x \in \mathcal{X}} |f_n(x) - f(x)| \to 0 \, (n \to \infty)$ となります.連続関数列 $\{f_n\}$ が f に一様収束するので,f も連続関数です.□

ガウシアンカーネルに対応する再生核ヒルベルト空間は連続関数からなることが分かります.

4.3.4 ヒルベルト空間の分類と再生核ヒルベルト空間

一般のヒルベルト空間と再生核ヒルベルト空間の関係について述べます.ここでは,任意のヒルベルト空間は再生核ヒルベルト空間として表現できることを証明します.実用上の扱いやすさなどの違いはありますが,数学的には再生核ヒルベルト空間とヒルベルト空間は等価な概念です.以下で,ヒルベルト空間は $\mathbb{R}$ 上の線形空間とします.

証明では,次元によるヒルベルト空間の分類を考えます.次元が同じヒルベルト空間は等長同型であることを示すために,与えられたヒルベルト空間と等長同型な再生核ヒルベルト空間を構成します.

まず,ヒルベルト空間の次元について説明します.

定義 4.8 ヒルベルト空間 $(\mathcal{H}, \langle \cdot, \cdot \rangle)$ の部分集合を $S = \{e_i : i \in I\}$ とします.ここで I は適当な添字集合です.次の条件が成り立つとき,S を $\mathcal{H}$ の正規直交基底といいます[*4].

1. 任意の $i \in I$ に対して $\langle e_i, e_i \rangle = 1$ となる.
2. 任意の $i, j \in I$ に対して,$i \neq j$ なら $\langle e_i, e_j \rangle = 0$ となる.
3. S で張られる線形空間

$$\left\{ \sum_{k=1}^n \alpha_k e_{i_k} \,\middle|\, n \in \mathbb{N}, \, \alpha_1, \ldots, \alpha_n \in \mathbb{R}, \, i_1, \ldots, i_n \in I \right\}$$

は $\mathcal{H}$ のなかで稠密[*5].

このとき I の濃度を $\mathcal{H}$ の次元といいます.

[*4] 任意の (可分とは限らない) ヒルベルト空間は正規直交基底をもつことが,選択公理と等価なツォルンの補題から導出されます.

[*5] 稠密性は次の条件と等価:$f \in \mathcal{H}$ が任意の $h \in S$ に対して $\langle f, h \rangle = 0$ を満たすなら $f = 0$.

ヒルベルト空間 $\mathcal{H}$ の正規直交基底の添字集合 I に対して $\ell^2(I)$ を

$$\ell^2(I) = \left\{ f : I \mapsto \mathbb{R} \,\middle|\, \sum_{i \in I} |f(i)|^2 < \infty \right\}$$

と定義します．定義より，$f \in \ell^2(I)$ に対して $f(i) \neq 0$ となる $i \in I$ は高々可算個です．$\ell^2(I)$ は $\langle f, g \rangle = \sum_{i \in I} f(i) g(i)$ を内積とすることでヒルベルト空間となります (詳細は例 C.2)．$\mathcal{H}$ と $\ell^2(I)$ が等長同型になること，また $\ell^2(I)$ は再生核ヒルベルト空間であることを以下で示します．

定理 4.9 (i) $\mathcal{H}$ と $\ell^2(I)$ は等長同型．(ii) $\ell^2(I)$ は再生核ヒルベルト空間．

証明．(i)．$\mathcal{H}$ の正規直交基底を $\{e_i\}_{i \in I}$ として，$x \in \mathcal{H}$ に対して写像 $U : \mathcal{H} \mapsto \ell(I)$ を $Ux : I \to \mathbb{R}, Ux(i) = \langle x, e_i \rangle, i \in I$ とします．パーセバルの等式を用いると

$$\|x\|_{\mathcal{H}}^2 = \sum_{i \in I} |\langle x, e_i \rangle|^2 = \sum_{i \in I} |Ux(i)|^2 = \|Ux\|_{\ell^2(I)}^2$$

となるので，写像 U は等長的で U は単射です．さらに U は全射であることを示します．定義より，$f \in \ell(I)$ に対して $\sum_{i \in I} |f(i)|^2 < \infty$ となります．したがって $\sum_{i \in I} f(i) e_i \in \mathcal{H}$ です [*6]．この元を x_0 とおくと $Ux_0(i) = \langle \sum_{j \in I} f(j) e_j, e_i \rangle = f(i)$ より $Ux_0 = f$ となります．

(ii)．関数 $k : I^2 \mapsto \mathbb{R}$ を

$$k(i, i') = \begin{cases} 1, & i = i', \\ 0, & i \neq i' \end{cases}$$

と定義します．このとき明らかに $k(i, \cdot) \in \ell^2(I)$ となります．また $f \in \ell^2(I)$ に対して $\langle f, k(i, \cdot) \rangle = f(i)$ が成り立ちます．したがって $\ell^2(I)$ はカーネル関数 $k(i, i')$ から生成される再生核ヒルベルト空間です． □

以上の結果，任意のヒルベルト空間に対して等長同型な再生核ヒルベルト空間が存在することが分かります．上の対応関係では，入力空間 $\mathcal{X}$ として正規直交基底の添字集合を用いています．このため，必ずしも応用上有用な再生核ヒルベルト空間の構成法を与えるわけではありません．

[*6] リース・フィッシャーの定理 (定理 C.4) の $p = 2$ の場合．

4.4 表現定理

4.1 節で線形モデル $\mathcal{M}$ を用いて推定量を構成しました．学習された関数 $\widehat{f}(x)$ は，データ点 $x_1, \ldots, x_n$ に対応する関数 $k(x_i, \cdot), i = 1, \ldots, n$ の線形和として表されます．この性質は，一般の再生核ヒルベルト空間において表現定理としてまとめられます．

入力空間 $\mathcal{X}$ 上の再生核ヒルベルト空間を $(\mathcal{H}, \langle \cdot, \cdot \rangle_{\mathcal{H}})$，対応する再生核を k とし，$\mathcal{H}$ から構成される統計モデルを

$$\mathcal{H} + \mathbb{R} = \{f + b \mid f \in \mathcal{H}, b \in \mathbb{R}\}$$

とします．データ $D = \{(x_1, y_1), \ldots, (x_n, y_n)\}$ が与えられたとき，以下のように表せる関数を $\mathcal{H} + \mathbb{R}$ 上で最小化することを考えます．

$$\min_{f,b} L(f(x_1) + b, \ldots, f(x_n) + b; D) + \lambda \|f\|_{\mathcal{H}}^2. \tag{4.7}$$

ここで $\lambda \geq 0$ とします．関数 $k(x_1, \cdot), \ldots, k(x_n, \cdot) \in \mathcal{H}$ で張られる部分空間を S とし，$f \in \mathcal{H}$ を S の成分とその直交成分に分解して，$f = f_S + f_{S^\perp}$, $f_S \in S$, $f_{S^\perp} \in S^\perp$ とおきます．ここで S は有限次元の閉部分空間であることから，ヒルベルト空間の射影定理 (定理 C.7, C.8) によって，このような分解が一意に存在することが分かります．部分空間 S の定義から

$$\langle f, k(x_i, \cdot) \rangle = \langle f_S, k(x_i, \cdot) \rangle,$$
$$\|f\|_{\mathcal{H}}^2 = \|f_S\|_{\mathcal{H}}^2 + \|f_{S^\perp}\|_{\mathcal{H}}^2$$

が成り立ちます．よって (4.7) において f を f_S に変えると，関数値は $\lambda \|f_{S^\perp}\|^2$ だけ減少することが分かります．したがって，f の最適解が存在する範囲として，部分空間 S を考えれば十分です．

以上の結果は，表現定理として次のようにまとめられます．

定理 4.10 (表現定理 (representer theorem)) 学習データを

$$D = \{(x_1, y_1), \ldots, (x_n, y_n)\}$$

として，関数

$$L(f(x_1)+b,\ldots,f(x_n)+b;D)+\Psi(\|f\|_{\mathcal{H}}^2) \tag{4.8}$$

を $f \in \mathcal{H}$ と $b \in \mathbb{R}$ に関して最小化することを考えます．ここで L は任意の関数，Ψ は単調非減少関数とします．このとき $f \in \mathcal{H}$ について，

$$f(x)=\sum_{i=1}^{n}\alpha_i k(x_i,x) \tag{4.9}$$

と表せる最適解が存在します．

表現定理では，正則化項を $\Psi(\|f\|_{\mathcal{H}}^2)$ と一般的に記述しています．関数 (4.8) による定式化では，最適化すべきパラメータ f の次元が無限次元になることもあり得ます．一方，表現定理によると $n+1$ 次元パラメータ $(\alpha_1,\ldots,\alpha_n,b)$ の最適化問題として定式化されます．カーネル関数 $k(x,x')$ の値が簡単に計算できるなら，最適化の計算コストはデータ数 n によってほとんど決まり，$\mathcal{H}$ の次元には関係しないことが分かります．

関数 (4.8) の最適化を有限次元の問題として表します．列ベクトル k_i を $(k(x_i,x_1),\ldots,k(x_i,x_n))^T \in \mathbb{R}^n$ として，グラム行列を $K=(k_1,\ldots,k_n)$ と表します．また α を列ベクトル $(\alpha_1,\ldots,\alpha_n)^T \in \mathbb{R}^n$ とします．このとき関数 (4.8) は

$$L(\alpha^T k_1+b,\ldots,\alpha^T k_n+b;D)+\Psi(\alpha^T K\alpha)$$

となります．これをパラメータ α, b について最適化し，最適解 $\widehat{\alpha}, \widehat{b}$ が得られたとき，学習された関数は

$$f(x)=\sum_{i=1}^{n}\widehat{\alpha}_i k(x_i,x)+\widehat{b}$$

と表せます．

4.5 再生核ヒルベルト空間のラデマッハ複雑度

次章以降で，再生核ヒルベルト空間 $\mathcal{H}$ を統計モデルとする学習アルゴリズムについて考察します．予測精度の評価などで一様大数の法則 (定理 2.7)

4.5 再生核ヒルベルト空間のラデマッハ複雑度

を用いますが,その際,ラデマッハ複雑度を求める必要があります.本節では,再生核ヒルベルト空間 $\mathcal{H}$ の有界集合に対するラデマッハ複雑度を評価します.

定理 4.11 $\mathcal{X}$ 上の再生核ヒルベルト空間を $(\mathcal{H}, \langle \cdot, \cdot \rangle_\mathcal{H})$ とし,対応する再生核を $k : \mathcal{X}^2 \to \mathbb{R}$ とします.関数集合 $\mathcal{G} \subset \mathcal{H}$ は

$$\mathcal{G} \subset \{ f \in \mathcal{H} \mid \|f\|_\mathcal{H} \leq a \}$$

を満たすとします.ここで a は適当な正実数です.入力点の集合 $S = \{x_1, \ldots, x_m\} \subset \mathcal{X}$ に対して経験ラデマッハ複雑度は

$$\widehat{\mathfrak{R}}_S(\mathcal{G}) \leq \frac{a}{m} \bigg(\sum_{i=1}^m k(x_i, x_i) \bigg)^{1/2}$$

となります.

証明. 経験ラデマッハ複雑度を定義にしたがって計算します.

$$\begin{aligned}
\widehat{\mathfrak{R}}_S(\mathcal{G}) &= \frac{1}{m} \mathbb{E}_\sigma \bigg[\sup_{f \in \mathcal{G}} \sum_{i=1}^m \sigma_i f(x_i) \bigg] \\
&= \frac{1}{m} \mathbb{E}_\sigma \bigg[\sup_{f \in \mathcal{G}} \sum_{i=1}^m \sigma_i \langle f, k(x_i, \cdot) \rangle_\mathcal{H} \bigg] \\
&= \frac{1}{m} \mathbb{E}_\sigma \bigg[\sup_{f \in \mathcal{G}} \langle f, \sum_{i=1}^m \sigma_i k(x_i, \cdot) \rangle_\mathcal{H} \bigg] \\
&\leq \frac{a}{m} \mathbb{E}_\sigma \bigg[\bigg\| \sum_{i=1}^m \sigma_i k(x_i, \cdot) \bigg\|_\mathcal{H} \bigg] \quad \text{(コーシー・シュワルツの不等式)} \\
&\leq \frac{a}{m} \bigg\{ \mathbb{E}_\sigma \bigg[\bigg\| \sum_{i=1}^m \sigma_i k(x_i, \cdot) \bigg\|_\mathcal{H}^2 \bigg] \bigg\}^{1/2} \quad \text{(イェンセンの不等式)} \\
&= \frac{a}{m} \bigg\{ \mathbb{E}_\sigma \bigg[\sum_{i,j} \sigma_i \sigma_j k(x_i, x_j) \bigg] \bigg\}^{1/2} \quad \text{(再生性)} \\
&= \frac{a}{m} \bigg(\sum_{i=1}^m k(x_i, x_i) \bigg)^{1/2}.
\end{aligned}$$

最後の等式では σ_i の独立性と $\sigma_i^2 = 1$ を用いています. □

カーネル関数が有界なら，さらに以下の不等式が得られます.

系 4.12 定理 4.11 の条件に加えて，カーネル関数が $\sup_{x \in \mathcal{X}} k(x, x) \leq \Lambda^2$ を満たすとき

$$\widehat{\mathfrak{R}}_S(\mathcal{G}) \leq \frac{a\Lambda}{\sqrt{m}}$$

が成り立ちます.

同様にして，入力の分布に関して期待値をとったラデマッハ複雑度 $\mathfrak{R}_m(\mathcal{G}) = \mathbb{E}_S[\widehat{\mathfrak{R}}_S(\mathcal{G})]$ に対して

$$\mathfrak{R}_m(\mathcal{G}) \leq \frac{a\sqrt{\mathbb{E}[k(x,x)]}}{\sqrt{m}} \leq \frac{a\Lambda}{\sqrt{m}}$$

が成り立ちます．最初の不等式では平方根をとる関数の凹性を用いています．カーネル関数が有界なら，$\mathcal{H}$ の有界集合の (経験) ラデマッハ複雑度の上界は $\mathcal{H}$ の次元によらない値で与えられ，入力点の数 m に対して $O(m^{-1/2})$ となります．ガウシアンカーネル (例 4.3) では，$\Lambda = 1$ とした不等式が成り立ちます.

4.6 普遍カーネル

再生核ヒルベルト空間が無限次元のとき，広いクラスの関数を近似できると期待されます．本節では，連続関数に対する近似誤差が十分小さくなる統計モデルとして，普遍カーネルとよばれるカーネル関数に対応する再生核ヒルベルト空間について解説します.

4.6 普遍カーネル

> **定義 4.13（普遍カーネル）**
>
> $\mathcal{X}$ をコンパクト距離空間とし，$C(\mathcal{X})$ を $\mathcal{X}$ 上の連続関数の集合とします．$\mathcal{X}$ 上の連続なカーネル関数を k とし，対応する再生核ヒルベルト空間を $\mathcal{H}$ とします．任意の $g \in C(\mathcal{X})$ と $\varepsilon > 0$ に対して $f \in \mathcal{H}$ が存在して
>
> $$\|f - g\|_\infty := \sup_{x \in \mathcal{X}} |f(x) - g(x)| \leq \varepsilon$$
>
> となるとき，k を**普遍カーネル** (universal kernel) といいます．

普遍カーネルはコンパクト集合上で連続なので有界であり，定理 4.7 より対応する再生核ヒルベルト空間の元は連続関数からなります．したがって $\mathcal{H} \subset C(\mathcal{X})$ となります．

有限次元空間 $\mathbb{R}^d$ のコンパクト集合 $\mathcal{X}$ 上の普遍カーネルの代表例として，ガウシアンカーネルが挙げられます．その他の例を以下に示します．

- **指数カーネル** (exponential kernel)：

$$k(x, x') = e^{x^T x'}, \quad x, x' \in \mathcal{X}.$$

- **2項カーネル** (binomial kernel)：

$$k(x, x') = (1 - x^T x')^{-\alpha}, \quad x, x' \in \mathcal{X} \subset \{x \in \mathbb{R}^d \mid \|x\| < 1\}.$$

ここで α は正定数です．

普遍カーネルであることを証明するためには，関数解析の知識が必要になります．詳細は文献 [8] の 4.6 節を参照してください．一方，多項式カーネル $(x^T x + 1)^\alpha, \alpha \in \mathbb{N}$ に対応する再生核ヒルベルト空間は有限次元なので，$|\mathcal{X}| = \infty$ のときは普遍カーネルではありません．

普遍カーネル関数から生成される再生核ヒルベルト空間を用いれば，連続関数をよく近似できます．しかし，一般の可測関数をよく近似することは保証していません．一方，ベイズ誤差

$$R_{\text{err}}^* = \inf_{f:\text{可測}} \mathbb{E}[\mathbf{1}[\text{sign}(f(X)) \neq Y]]$$

は可測関数の集合上での下限で定義されます[*7]．もし再生核ヒルベルト空間 $\mathcal{H}$ 上での予測判別誤差の下限が R_{err}^* に一致するなら，$\mathcal{H}$ の要素で十分精度の高い判別が可能になります．

一般の予測損失について，可測関数集合上の下限と再生核ヒルベルト空間上の下限の関係について考察します．$\mathcal{X}$ 上の可測関数の組 $f_1, \ldots, f_L$ が与えられたとき，データ $(x, y) \in \mathcal{X} \times \mathcal{Y}$ に対する損失を考えます．ここでは判別問題を想定し，$\mathcal{Y}$ は有限集合とします．また L は一般の自然数としますが，2値判別では $L = 1$，多値判別では $L = |\mathcal{Y}|$ と想定します．

定理 4.14 $\mathcal{X}$ 上の普遍カーネルから定義される再生核ヒルベルト空間を $\mathcal{H}$ とし，また $\mathcal{Y}$ を有限集合とします．非負値をとる関数 $\ell : \mathbb{R}^L \times \mathcal{Y} \to \mathbb{R}_{\geq 0}$ に対して次の条件を仮定します．

1. 任意の $y \in \mathcal{Y}$ に対して $t \mapsto \ell(t, y)$ は $\mathbb{R}^L$ 上で連続．
2. 単調非減少関数 $h : \mathbb{R}_{\geq 0} \to \mathbb{R}_{\geq 0}$ が存在して，任意の $(t, y) \in \mathbb{R}^L \times \mathcal{Y}$ に対して $\ell(t, y) \leq h(\|t\|_1)$ が成立．ここで $\|t\|_1$ は $t \in \mathbb{R}^L$ の1-ノルム．

このとき，$\mathcal{X} \times \mathcal{Y}$ 上の任意の確率分布に対して

$$\inf_{f_1, \ldots, f_L : \text{可測}} \mathbb{E}[\ell(f_1(X), \ldots, f_L(X), Y)]$$
$$= \inf_{f_1, \ldots, f_L \in \mathcal{H}} \mathbb{E}[\ell(f_1(X), \ldots, f_L(X), Y)]$$

が成り立ちます．

証明の概略を述べます．詳細は文献 [8] の 5.5 節を参照してください．以下，$\mathcal{X} \times \mathcal{Y}$ 上の確率分布と $\mathcal{X}$ 上の可測関数 $f_1, \ldots, f_L$ に対して

$$R(f_1, \ldots, f_L) = \mathbb{E}[\ell(f_1(X), \ldots, f_L(X), Y)]$$

とおきます．X の分布 P_X と可測関数 $f : \mathcal{X} \to \mathbb{R}$ に対して L_1 ノルムを

$$\|f\|_1 = \mathbb{E}_{X \sim P_X}[|f(X)|]$$

[*7] コンパクト距離空間 $\mathcal{X}$ 上のボレル可測関数に関する下限とします．

とし, $L_1(P_X)$ と L_∞ をそれぞれ

$$L_1(P_X) = \{f : \mathcal{X} \to \mathbb{R} \mid \|f\|_1 < \infty\},$$
$$L_\infty = \{f : \mathcal{X} \to \mathbb{R} \mid \|f\|_\infty < \infty\}$$

とします. 任意の分布 P_X に対して $L_\infty \subset L_1(P_X)$ となります. まず補題 4.15, 4.16 を示します.

補題 4.15 次の等式が成立します.

$$\inf_{f_1,\ldots,f_L : 可測} R(f_1,\ldots,f_L) = \inf_{f_1,\ldots,f_L \in L_\infty} R(f_1,\ldots,f_L).$$

証明. 任意の可測関数 $f_1,\ldots,f_L$ に対して $R(f_1,\ldots,f_L) = \infty$ のときは明らかです. 以下, $\mathcal{X}$ 上の可測関数 $f_1,\ldots,f_L$ が存在して $R(f_1,\ldots,f_L) < \infty$ となるとします. このとき L_∞ の元

$$f_k^{(n)}(x) = \mathbf{1}\left[\sum_{s=1}^L |f_s(x)| \le n\right] \cdot f_k(x), \quad k = 1,\ldots,L,\, n \in \mathbb{N}$$

に対して

$$\begin{aligned}
&|R(f_1^{(n)},\ldots,f_L^{(n)}) - R(f_1,\ldots,f_L)| \\
&\le \mathbb{E}\bigl[\bigl|\ell(f_1^{(n)}(X),\ldots,f_L^{(n)}(X),Y) - \ell(f_1(X),\ldots,f_L(X),Y)\bigr|\bigr] \\
&= \mathbb{E}\left[\mathbf{1}\left[\sum_{s=1}^L |f_s(X)| > n\right] \cdot \bigl|\ell(0,\ldots,0,Y) - \ell(f_1(X),\ldots,f_L(X),Y)\bigr|\right] \\
&\le \mathbb{E}\left[\mathbf{1}\left[\sum_{s=1}^L |f_s(X)| > n\right] \cdot \bigl(h(0) + \ell(f_1(X),\ldots,f_L(X),Y)\bigr)\right]
\end{aligned}$$

となります. ここで $h(0) + \ell(f_1(X),\ldots,f_L(X),Y)$ の期待値は有限値なので, ルベーグの優収束定理 (定理 C.1) が適用でき, $n \to \infty$ で最後の式は 0 に収束するので

$$\lim_{n \to \infty} R(f_1^{(n)},\ldots,f_L^{(n)}) = R(f_1,\ldots,f_L)$$

が得られます. これを用いると, 補題の結果を示すことができます. □

補題 4.16 入力空間 $\mathcal{X}$ をコンパクト集合とし, P_X を $\mathcal{X}$ 上の任意の分布とし

ます．任意の $g \in L_\infty$ に対して，次の条件を満たす $\mathcal{H}$ の関数列 $\{f_n\}_{n \in \mathbb{N}} \subset \mathcal{H}$ が存在します．

1. $\sup_n \|f_n\|_\infty < \infty$．
2. 分布 P_X のもとで確率 1 で $f_n(x) \to g(x) \, (n \to \infty)$．

証明． 有界な関数 $g \in L_\infty$ は $g \in L_1(P_X)$ となるので，付録 C の定理 C.3 より，関数列 $\{g_n\}_{n \in \mathbb{N}} \subset C(\mathcal{X})$ が存在して $\|g_n - g\|_1 \to 0 \, (n \to \infty)$ となります．すべての $n \in \mathbb{N}$ に対して $\|g_n\|_\infty$ が $\|g\|_\infty$ 以下となるように，g_n を $\min\{\max\{g_n, -\|g\|_\infty\}, \|g\|_\infty\} \in C(\mathcal{X})$ に置き換えても同じ性質が成り立ちます．リース・フィッシャーの定理 (定理 C.4) より，分布 P_X のもとで確率 1 で $g_n(x) \to g(x) \, (n \to \infty)$ となるように関数列を選ぶことができます．さらに $\mathcal{H}$ の普遍性から $\{f_n\} \subset \mathcal{H}$ が存在して $\|f_n - g_n\|_\infty < 1/n$ となります．したがって，任意の n に対して $\|f_n\|_\infty < 1 + \|g\|_\infty$ かつ分布 P_X のもとで確率 1 で $f_n(x) \to g(x) \, (n \to \infty)$ となります． □

定理 4.14 の証明． 関数 $g_k \in L_\infty$, $k = 1, \ldots, L$ に対して補題 4.16 を満たす関数列を $\{f_k^{(n)}\}_{n \in \mathbb{N}} \subset \mathcal{H}$, $k = 1, \ldots, L$ とします．損失 $\ell(t, y)$ の連続性から，$\mathcal{X} \times \mathcal{Y}$ 上の分布 P に関して確率 1 で

$$\lim_{n \to \infty} |\ell(f_1^{(n)}(x), \ldots, f_L^{(n)}(x), y) - \ell(g_1(x), \ldots, g_L(x), y)| = 0$$

となります．ここで

$$\max\{\|g_1\|_\infty, \ldots, \|g_L\|_\infty, \sup_n \|f_1^{(n)}\|_\infty, \ldots, \sup_n \|f_L^{(n)}\|_\infty\} < B$$

となるように定数 B をとります．このとき

$$|\ell(f_1^{(n)}(x), \ldots, f_L^{(n)}(x), y) - \ell(g_1(x), \ldots, g(x), y)| \leq 2h(LB)$$

となるので，ルベーグの優収束定理 (定理 C.1) から

$$|R(f_1^{(n)}, \ldots, f_L^{(n)}) - R(g_1, \ldots, g_L)|$$
$$\leq \mathbb{E}\big[|\ell(f_1^{(n)}(X), \ldots, f_L^{(n)}(X), Y) - \ell(g_1(X), \ldots, g(X), Y)|\big]$$
$$\longrightarrow 0, \quad n \to \infty$$

となります．したがって

$$\lim_{n\to\infty} R(f_1^{(n)}, \ldots, f_L^{(n)}) = R(g_1, \ldots, g_L)$$

となります．この結果を用いて

$$\inf_{f_1,\ldots,f_L \in \mathcal{H}} R(f_1, \ldots, f_L) = \inf_{g_1,\ldots,g_L \in L_\infty} R(g_1, \ldots, g_L)$$

を示すことができます．上式と補題 4.15 より，定理の結果が得られます． □

定理 4.14 を用いて，$\mathcal{H}$ 上での予測損失と予測判別誤差の下限について考えます．ラベル y が ± 1 をとる 2 値判別を考えます．損失関数が定義 3.1 のマージン損失を用いて $\ell(f(x), y) = \phi(yf(x))$ と表されるとします．ここで関数 $\phi(t)$ は単調非増加な連続関数とし，さらに $\phi(yf(x))$ は判別適合的なマージン損失とします．このとき $h(t) = \phi(-t), t \geq 0$ とすれば定理 4.14 の条件が $L = 1$ で満たされるので

$$R_\phi^* = \inf_{f:\text{可測}} \mathbb{E}[\phi(Yf(X))] = \inf_{f \in \mathcal{H}} \mathbb{E}[\phi(Yf(X))] \tag{4.10}$$

が成り立ちます．定理 3.4 より ϕ から定義される凸関数 ψ が存在して，可測関数 f に対して

$$\psi(R_{\text{err}}(f) - R_{\text{err}}^*) \leq R_\phi(f) - R_\phi^*$$

となります．式 (4.10) より，$R_\phi(f_n) \to R_\phi^*$ となる $\mathcal{H}$ の関数列 $\{f_n\}_{n \in \mathbb{N}}$ が存在します．したがって判別適合性定理 (定理 3.6) より $R_{\text{err}}(f_n) \to R_{\text{err}}^*$ となります．以上より

$$R_{\text{err}}^* = \inf_{f \in \mathcal{H}} R_{\text{err}}(f)$$

が成り立ちます．第 7 章で扱う多値判別では，$L = |\mathcal{Y}|$ として定理 4.14 を用います．

普遍カーネルと判別適合的損失を用いることで，予測 ϕ-損失から予測判別誤差を評価することが可能になります．普遍カーネル $k(x, x')$ に対応する再生核ヒルベルト空間 $\mathcal{H}$ の有界集合を $\mathcal{G} = \{f \in \mathcal{H} \mid \|f\|_\mathcal{H} \leq r\}$ とします．このとき定理 4.11 より，$\sup_{x \in \mathcal{X}} k(x, x) \leq \Lambda^2$ なら $\mathfrak{R}_n(\mathcal{G}) \leq r\Lambda/\sqrt{n}$ となります．$\mathcal{G}$ に一様大数の法則 (定理 2.7) を適用して予測 ϕ-損失を見積もり，これから予測判別誤差を評価することができます．

一方,判別関数から得られる仮説集合

$$\text{sign} \circ \mathcal{G} = \{x \mapsto \text{sign}\,(f(x)) \mid f \in \mathcal{G}\}$$

に対して,予測判別誤差を直接計算することは困難な場合があります.いま,入力点 $S = \{x_1,\ldots,x_n\} \subset \mathcal{X}$ から定まる (可逆な) グラム行列を K とし,$\sigma = (\sigma_1,\ldots,\sigma_n) \in \{+1,-1\}^n$ に対して $\alpha = (\alpha_1,\ldots,\alpha_n)^T = K^{-1}\sigma$ とおき,$f(x) = \sum_j \alpha_j k(x,x_j)$ とします.このとき $\text{sign}\,(f(x_i)) = \sigma_i$ となり,また f に適当な正数 c を乗じて $cf \in \mathcal{G}$ とすることができます.したがって,任意の σ に対して

$$\sup_{f \in \mathcal{G}} \frac{1}{n} \sum_{i=1}^{n} \sigma_i \text{sign}\,(f(x_i)) = 1$$

が成立します.これより,グラム行列が確率 1 で可逆になるような分布のもとで $\mathfrak{R}_n(\text{sign} \circ \mathcal{G}) = 1$ となります[*8].したがって,$\text{sign} \circ \mathcal{G}$ に一様大数の法則を適用しても,予測判別誤差に関する有用な上界を得ることはできません.判別関数に対するマージン損失を用いることで,この問題を回避できます.

統計モデル $\text{sign} \circ \mathcal{G}$ と $\mathcal{G}$ に関する上記のような違いは,判別境界の推定と条件付き確率の推定の難しさの違いとして解釈できます.仮説集合 $\text{sign} \circ \mathcal{G}$ を判別境界の推定に用いるときは,表現力が大きすぎてデータに過剰適合する傾向があります.しかし $\mathcal{G}$ を条件付き確率 $\Pr(Y = y|x)$ の推定に用いるときは,データへの過剰適合が起きにくいと言えます.条件付き確率の統計モデルとマージン損失との関連については文献 [2,3] が参考になります.

次章では,普遍カーネルと判別適合的損失を用いて,サポートベクトルマシンに対する統計的一致性を証明します.

[*8] $\mathcal{X}$ としてユークリッド空間内の単位球とし,$\mathcal{X}$ 上の一様分布を考えると,ガウシアンカーネルから定まるグラム行列は確率 1 で可逆です.

Chapter 5

サポートベクトルマシン

> カーネル法の代表例として，C-サポートベクトルマシンと ν-サポートベクトルマシンを紹介します．C-サポートベクトルマシンでは，統計的一致性の証明を与えます．また ν-サポートベクトルマシンでは，正則化パラメータ ν の解釈について考察します．

5.1 導入

　サポートベクトルマシン (support vector machine, SVM) は機械学習における代表的な学習アルゴリズムの総称です．本章では，2 値判別のための学習アルゴリズムである C-サポートベクトルマシン (C-support vector machine) と ν-サポートベクトルマシン (ν-support vector machine) を紹介します．ここで C と ν は正則化パラメータを意味します．これらを適切に調整すれば，これらの学習アルゴリズムは同じ学習データに対して同じ判別器を返します．ただし，正則化パラメータに対する解釈が異なるため，調整のしやすさに違いが生じることもあります．この違いは，統計的一致性の議論において顕在化します．C-サポートベクトルマシンでは，データ数に応じて適切に C を調整することで，統計的一致性が達成されます．一方，ν-サポートベクトルマシンでは，ベイズ誤差を達成するためにはデータの分布の情報を用いて ν を調整する必要があります．このため ν-サポートベクトルマシンでは，実用面だけでなく理論的な観点からも，交差確認法などによるパラメータ調整が必要になります．

本章での問題設定は以下のとおりです．学習データ $(x_1, y_1), \ldots, (x_n, y_n)$ $\in \mathcal{X} \times \{+1, -1\}$ は，テストデータと同一の分布に独立にしたがいます．目標は，入力ベクトルと2値ラベルの間の関係をデータから学習し，予測精度の高い判別器を得ることです．判別関数の集合を

$$\mathcal{G} = \{f + b \mid f \in \mathcal{H}, b \in \mathbb{R}\}$$

とします．ここで $(\mathcal{H}, \langle \cdot, \cdot \rangle_{\mathcal{H}})$ を $\mathcal{X}$ 上の再生核ヒルベルト空間とし，ノルムを $\|\cdot\|_{\mathcal{H}}$ とします．対応するカーネル関数を $k(x, x')$ とします．簡単のため定数項 b は含めずに，判別関数のモデルを $\mathcal{H}$ とする場合もあります．また対応する判別器の集合，すなわち仮説集合を

$$\text{sign} \circ \mathcal{G} = \{x \mapsto \text{sign}\,(g(x)) \mid g \in \mathcal{G}\}$$

とします．

5.2 ヒンジ損失

サポートベクトルマシンでは，ヒンジ損失とよばれるマージン損失を用います．ヒンジ損失は

$$\phi_{\text{hinge}}(m) = \max\{1 - m, 0\}$$

から定義されるマージン損失です．以下でヒンジ損失の特徴付けを与えます．

学習データ (x_i, y_i) に対して $f(x_i) + b$ の符号が y_i と同じなら，$\text{sign}\,(f(x_i) + b)$ によって y_i を正しく判別できます．したがって，できるだけ多くの学習データに対して $y_i(f(x_i) + b) > 0$ が成立すれば，学習データに適合しているという意味で望ましい判別器が得られます．このような学習法は，0-1 マージン損失 ϕ_{err} から定義される経験損失を最小化することで実現できます．しかし，関数 $\phi_{\text{err}}(m) = \mathbf{1}[m \leq 0]$ は凸関数ではないので，最小化は一般に困難です．そこで，0-1 マージン損失の代わりに凸関数から定義されるマージン損失を用いることで，計算の困難を回避します．

定理 3.5 に示したように，凸マージン損失 $\phi(m)$ が $\phi'(0) < 0$ を満たすとき，判別適合的な損失になります．そのような損失を最小化して得られる判別器は，判別関数の統計モデルが十分大きいなら，ベイズ誤差に近い予測判

別誤差を達成することが期待されます．次の命題から，ヒンジ損失は判別適合的な損失関数のなかで最もよく 0-1 マージン損失を近似していることが分かります．以下では，ν-サポートベクトルマシンへの応用を考慮して，多少一般的な記述をしています．

命題 5.1 凸関数 $\phi : \mathbb{R} \to \mathbb{R}$ は原点で微分可能で $\phi'(0) = -1$ を満たすとします．また $\rho > 0$ として，任意の $m \in \mathbb{R}$ に対して $\rho \cdot \mathbf{1}[m \leq 0] \leq \phi(m)$ が成り立つとします．このとき任意の $m \in \mathbb{R}$ に対して

$$\rho \cdot \mathbf{1}[m \leq 0] \leq \max\{\rho - m, 0\} \leq \phi(m)$$

が成り立ちます．

証明． 凸関数は接線で下界が与えられる (下からバウンドされる) ので

$$\phi(m) \geq \phi(0) + \phi'(0)m = \phi(0) - m$$

が成り立ちます．また $\phi(m) \geq \rho \cdot \mathbf{1}[m \leq 0]$ より $\phi(0) \geq \rho$ なので，上の不等式より $\phi(m) \geq \rho - m$ となります．したがって，

$$\phi(m) \geq \max\{\rho - m, \rho \cdot \mathbf{1}[m \leq 0]\} = \max\{\rho - m, 0\} \geq \rho \cdot \mathbf{1}[m \leq 0]$$

となります． □

C-サポートベクトルマシンでは $\rho = 1$ とした通常のヒンジ損失を用い，ν-サポートベクトルマシンでは ρ を可変パラメータとして扱います．

5.3 C-サポートベクトルマシン

C-サポートベクトルマシンは，ヒンジ損失を用いて判別関数 $f(x) + b$ を学習します．最適化問題として定式化すると，ヒンジ損失と正則化項のバランスを調整する正則化パラメータ $C\,(>0)$ を用いて，

$$\min_{f,b} C \sum_{i=1}^{n} \phi_{\text{hinge}}(y_i(f(x_i) + b)) + \frac{1}{2}\|f\|_{\mathcal{H}}^2 \quad (5.1)$$
$$\text{subject to } f \in \mathcal{H},\ b \in \mathbb{R}$$

となります．これを解くことで判別関数が得られます．データ数に応じて C

を適切に制御することで，高い予測精度をもつ判別器を得ることができます．統計的な性質については 5.3.4 節で詳述します．

スラック変数 ξ を用いて，ヒンジ損失を

$$\phi_{\text{hinge}}(m) = \min\{\xi \in \mathbb{R} \,|\, \xi \geq 0, \xi \geq 1-m\,\}$$

と表します．表現定理 (定理 4.10) より，関数 f の最適解は適当な係数 $\alpha_1,\ldots,\alpha_n$ を用いて $\sum_{i=1}^n \alpha_i k(x_i,\cdot)$ と表せるので，これを (5.1) に代入すると

$$\begin{aligned}
&\min_{\alpha,b,\xi} \; C\sum_{i=1}^n \xi_i + \frac{1}{2}\sum_{i,j}\alpha_i\alpha_j K(x_i,x_j) \\
&\text{subject to } \; \xi_i \geq 0,\; \xi_i \geq 1 - y_i\bigg(\sum_{j=1}^n \alpha_j K(x_j,x_i) + b\bigg),\; i=1,\ldots,n, \\
&\qquad \alpha_1,\ldots,\alpha_n,\, b,\, \xi_1,\ldots,\xi_n \in \mathbb{R}.
\end{aligned} \tag{5.2}$$

となります．制約式は線形不等式で与えられ，またグラム行列 $(K(x_i,x_j))_{ij}$ が対称非負定値なので目的関数は凸関数です．したがって (5.2) は凸最適化問題です．

5.3.1 C-サポートベクトルマシンの最適性条件

以下では，(5.2) の最適性条件から導かれる性質を示します．凸最適化問題の最適性条件は，B.3 節にまとめられています．問題 (5.2) の制約式では，ξ_i が十分大きな値をとれば，(B.8) の**スレイター制約想定** (Slater's constraint qualification) が満たされることが分かります．したがって定理 B.9 の**ミニマックス定理** (min-max theorem) が成り立ち，主問題 (5.2) に対する双対問題を導出することができます．

ラグランジュ関数 (Lagrange function) を

$$\begin{aligned}
L(\alpha,b,\xi;\gamma,\delta) &= C\sum_i \xi_i + \frac{1}{2}\sum_{i,j}\alpha_i\alpha_j K_{ij} - \sum_i \delta_i\xi_i \\
&\quad + \sum_i \gamma_i\bigg\{1 - y_i\bigg(\sum_{j=1}^n \alpha_j K_{ij} + b\bigg) - \xi_i\bigg\}
\end{aligned}$$

と定義します．ここで γ_i, δ_i は非負のラグランジュ乗数です．ミニマックス定理より

$$
\begin{aligned}
&\inf_{\alpha,b,\xi} \sup_{\gamma\geq 0,\delta\geq 0} L(\alpha,b,\xi;\gamma,\delta) \\
&= \sup_{\gamma\geq 0,\delta\geq 0} \inf_{\alpha,b,\xi} L(\alpha,b,\xi;\gamma,\delta) \\
&= \sup_{\gamma\geq 0,\delta\geq 0} \inf_{\alpha,b,\xi} \Bigg\{ \frac{1}{2}\sum_{i,j}\alpha_i\alpha_j K_{ij} - \sum_{i,j}\gamma_i y_i \alpha_j K_{ij} + \sum_i \gamma_i \\
&\qquad\qquad - b\sum_i \gamma_i y_i + \sum_i \xi_i(C - \delta_i - \gamma_i) \Bigg\} \\
&= \sup_{\gamma\geq 0,\delta\geq 0} \Bigg\{ -\frac{1}{2}\sum_{i,j}\gamma_i\gamma_j y_i y_j K_{ij} + \sum_i \gamma_i \,\Bigg| \\
&\qquad\qquad \sum_i \gamma_i y_i = 0,\ \gamma_i + \delta_i = C,\ i=1,\ldots,n \Bigg\}
\end{aligned}
$$

となり[*1]，δ_i を消去すると双対問題は

$$
\begin{aligned}
&\max_{\gamma_1,\ldots,\gamma_n} -\frac{1}{2}\sum_{i,j}\gamma_i\gamma_j y_i y_j K_{ij} + \sum_i \gamma_i \\
&\text{subject to } \sum_i \gamma_i y_i = 0,\ 0 \leq \gamma_i \leq C,\ i=1,\ldots,n.
\end{aligned} \tag{5.3}
$$

となります[*2]．

最適性条件をまとめると以下のようになります．

ラグランジュ関数の極値条件・双対問題の制約式：

$$
\sum_j \alpha_j K_{ji} = \sum_j \gamma_j y_j K_{ji}, \quad i=1,\ldots,n,
$$

$$
\sum_i y_i \gamma_i = 0, \quad 0 \leq \gamma_i \leq C, \quad i=1,\ldots,n,
$$

[*1] 最後の等式は，条件 $\sum_i \gamma_i y_i = 0$，$\gamma_i + \delta_i = C$，$i=1,\ldots,n$ が成り立たないと，b,ξ に関する inf が $-\infty$ となることから導出されます．

[*2] コンパクト集合上での連続関数の最大化なので最適解が存在します．そのため sup を max にしました．

主問題の制約式：

$$\xi_i \geq 0, \quad \xi_i \geq 1 - y_i \left(\sum_j \alpha_j K_{ji} + b \right), \quad i = 1, \ldots, n,$$

相補性条件：

$$\xi_i (C - \gamma_i) = 0, \quad \gamma_i \left\{ 1 - y_i \left(\sum_j \alpha_j K_{ij} + b \right) - \xi_i \right\} = 0, \quad i = 1, \ldots, n.$$

最適性条件より，主問題の最適解 α_i は双対問題の最適解 γ_i から

$$\alpha_i = y_i \gamma_i, \quad i = 1, \ldots, n$$

によって得られます[*3]．

5.3.2 サポートベクトル

C-サポートベクトルマシンの最適解において，$\alpha_i \neq 0$ であるようなデータ点 x_i を**サポートベクトル** (support vector) とよび，そのようなデータ点の集合を

$$\mathrm{SV} = \{i \mid \alpha_i \neq 0\}$$

とおきます．係数 α_i と γ_i の関係から $\mathrm{SV} = \{i : \gamma_i \neq 0\}$ と表すこともできます．最適な判別関数は

$$f(x) + b = \sum_{i \in \mathrm{SV}} \alpha_i K(x_i, x) + b$$

となり，サポートベクトル上の和によって定まります．学習データ数が非常に大きい場合でも，サポートベクトルの数が少ないなら，関数値 $f(x)$ の計算を効率的に行うことができます．この性質は，大規模データでは計算上の大きな利点となります．

以下で，サポートベクトルの性質を調べます．

定理 5.2 C-サポートベクトルマシンによって得られる判別関数を $f(x) + b$ とし，サポートベクトルの集合を SV とします．このとき，次の関係が成り

[*3] グラム行列 K が退化行列でも同じです．

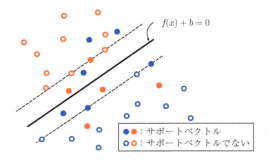

図 5.1 判別関数とサポートベクトルの集合 SV の関係.

立ちます.

1. $i \in \mathrm{SV}$ なら $y_i(f(x_i)+b) \leq 1$.
2. $y_i(f(x_i)+b) < 1$ なら $i \in \mathrm{SV}$.
3. $i \notin \mathrm{SV}$ なら $y_i(f(x_i)+b) \geq 1$.
4. $y_i(f(x_i)+b) > 1$ なら $i \notin \mathrm{SV}$.

図 5.1 に判別境界とサポートベクトルの集合の関係を示します.破線は $f(x)+b = \pm 1$ を示しています.定理 5.2 より,正しく判別されていないデータ点と,正しく判別されていても破線の内側にあるデータ点はサポートベクトルです.破線上には,サポートベクトルとそうでないデータ点が両方存在することもあります.

定理 5.2 の証明. 1 の証明:パラメータ γ_i は $0 \leq \gamma_i \leq C$ を満たします.まず $0 < \gamma_i < C$ のとき,最適性条件における相補性条件から

$$\xi_i = 0, \quad 1 - y_i(f(x_i)+b) - \xi_i = 0$$

となるので $y_i(f(x_i)+b) = 1$ となります.また $\gamma_i = C$ のときは,相補性条件から $1 - y_i(f(x_i)+b) - \xi_i = 0$ となり,$y_i(f(x_i)+b) = 1 - \xi_i \leq 1$ が得られます.以上より,データ (x_i, y_i) がサポートベクトルなら,判別関数は $y_i(f(x_i)+b) \leq 1$ を満たすことが分かります.

2 の証明:$y_i(f(x_i)+b) < 1$ より $\xi_i > 0$ となり,相補性条件から $\gamma_i = C$ となります.

3, 4 はそれぞれ 2, 1 の対偶から得られます. □

サポートベクトルを用いて,定数項 b を求めることができます.双対問題 (5.3) を解くと γ_i と α_i の最適解が分かり,これから関数 $f(x)$ が得られます.2 つの異なるサポートベクトル $(x_i, +1), (x_j, -1)$ に対応する係数 γ_i, γ_j が $0 < \gamma_i, \gamma_j < C$ を満たすとします.このとき,定理 5.2 の 1 の証明より

$$f(x_i) + b = 1, \quad f(x_j) + b = -1$$

が成立するので,$b = -(f(x_i) + f(x_j))/2$ となります.数値誤差を抑えるために,上記の条件を満たす 3 つ以上のサポートベクトルを用いて b を計算する方法が用いられることもあります.他の方法として,双対問題から求められた関数 $f \in \mathcal{H}$ を主問題 (5.2) に代入し,パラメータ b に関する 1 次元凸最適化問題を解くことで b を求めることもできます.

5.3.3 サポートベクトル比と予測判別誤差

C-サポートベクトルマシンにおいて,サポートベクトル以外のデータを除いても,最適解として与えられる判別関数は変化しません.以下でこの性質を示します.C-サポートベクトルマシンの主問題 (5.2) と双対問題 (5.3) の最適解を $\alpha_i, \xi_i, \gamma_i, b, i = 1, \ldots, n$ として,$\alpha_n = \gamma_n = 0$ を仮定します.この最適解に対する最適性条件 (5.3.1 節) から

$$\sum_{i=1}^{n-1} \alpha_i K_{ij} = \sum_{i=1}^{n-1} y_i \gamma_i K_{ij}, \quad \sum_{i=1}^{n-1} y_i \gamma_i = 0, \quad 0 \leq \gamma_j \leq C$$

が $j = 1, \ldots, n-1$ について成立し,相補性条件も $i = 1, \ldots, n-1$ に対して成立します.データ $i = 1, \ldots, n-1$ に対して,主問題の不等式制約も成立しています.したがってパラメータ $\alpha_i, \xi_i, \gamma_i, b, i = 1, \ldots, n-1$ は,(x_n, y_n) を除いた学習データ $\{(x_i, y_i) | i = 1, \ldots, n-1\}$ から得られる最適解になっています[*4].

サポートベクトルの数は,予測判別誤差と関連しています.全学習データを用いたとき,C-サポートベクトルマシンによって得られる判別器を $h(x)$ とします.また,(x_i, y_i) を除いた学習データから得られる判別器を $h^{(-i)}(x)$ と

[*4] 凸最適化問題なので,最適性条件を満たす点は最適解になっています.詳細は B.3 節を参照してください.

します．ただし正則化パラメータ C は共通の値を用います．このとき，**1つ抜き交差確認法** (leave-one-out cross validation, LOOCV) による誤差は

$$\mathrm{Err}_{\mathrm{LOOCV}} = \frac{1}{n}\sum_{i=1}^{n} \mathbf{1}[h^{(-i)}(x_i) \neq y_i]$$

と定義されます．データ点 (x_i, y_i) がサポートベクトルでないとき，$h(x_i) = y_i$ となります．サポートベクトルでないデータ点を除いて学習するとき，得られる判別器は変わらないので $h^{(-i)}(x_i) = h(x_i)$ が成り立ち，よって $h^{(-i)}(x_i) = y_i$ となります．一方，データ点 (x_i, y_i) がサポートベクトルのときは，$h^{(-i)}(x_i) \neq y_i$ となる可能性があります．以上より，$|\mathrm{SV}|$ をサポートベクトルの数とすると

$$\mathrm{Err}_{\mathrm{LOOCV}} \leq \frac{|\mathrm{SV}|}{n} \tag{5.4}$$

が成り立ちます．右辺の $|\mathrm{SV}|/n$ を**サポートベクトル比** (fraction of support vectors) といいます．

不等式 (5.4) から予測判別誤差の評価を行うことができます．S_n を n 個の独立な学習データの集合とし，C-サポートベクトルマシンによって S_n から得られる判別器を h_{S_n} とします．ここで学習データ数を $n+1$ とし，S_{n+1} の分布に関して式 (5.4) の期待値を計算します．すると

$$\begin{aligned}
\mathbb{E}_{S_{n+1}}[\mathrm{Err}_{\mathrm{LOOCV}}] &= \frac{1}{n+1}\sum_{i=1}^{n+1} \mathbb{E}_{S_{n+1}}[\mathbf{1}[h^{(-i)}(x_i) \neq y_i]] \\
&= \frac{1}{n+1}\sum_{i=1}^{n+1} \mathbb{E}_{S_n}[R_{\mathrm{err}}(h_{S_n})] \\
&= \mathbb{E}_{S_n}[R_{\mathrm{err}}(h_{S_n})]
\end{aligned}$$

より

$$\mathbb{E}_{S_n}[R_{\mathrm{err}}(h_{S_n})] \leq \frac{\mathbb{E}_{S_{n+1}}[|\mathrm{SV}|]}{n+1} \tag{5.5}$$

となります．すなわち，サポートベクトル比の期待値が予測判別誤差の期待値の上界を与えます．マルコフの不等式を用いると，確率不等式

$$\Pr_{S_n}(R_{\mathrm{err}}(h_{S_n}) \geq \varepsilon) \leq \frac{\mathbb{E}_{S_{n+1}}[|\mathrm{SV}|]}{\varepsilon(n+1)}$$

が得られます．

上界 (5.5) の精度について補足します．正則化パラメータ C をデータ数に応じて適切に定めて，判別器 h_{S_n} がベイズ規則 h_0 に十分近い状況を考えます．このとき，サポートベクトル比はベイズ誤差の 2 倍，すなわち $2R_{\mathrm{err}}(h_0)$ に近い値をとることが明らかにされています [2,6]．よって判別器 h_{S_n} の予測精度が十分高いとき，(5.5) は近似的に

$$R_{\mathrm{err}}(h_0) \leq \mathbb{E}_{S_n}[R_{\mathrm{err}}(h_{S_n})] \leq 2R_{\mathrm{err}}(h_0)$$

という関係式を与えていると解釈できます．

5.3.4 予測判別誤差の上界

C-サポートベクトルマシンによって得られる判別器の予測判別誤差を評価します．ただし，C-サポートベクトルマシンを理論的に扱いやすい学習アルゴリズムに変更して解析を行います．また関数の近似誤差は扱わず，とくに推定誤差について調べます．アルゴリズムを変更しない C-サポートベクトルマシンについては，5.3.5 節で近似誤差を考慮した統計的一致性について考察します．

誤差解析のために，ランプ損失

$$\phi_{\mathrm{ramp}}(m) = \min\{\max\{1-m, 0\}, 1\} = \min\{\phi_{\mathrm{hinge}}(m), 1\}$$

を用います．このとき

$$\mathbf{1}[m \leq 0] \leq \phi_{\mathrm{ramp}}(m) \leq \phi_{\mathrm{hinge}}(m) \tag{5.6}$$

が成り立ちます．ランプ損失に対する確率的な上界を導出し，その結果を用いて，ヒンジ損失から得られる判別器の予測判別誤差を評価します．

C-サポートベクトルマシンの代わりに，ヒンジ損失を用いた次の学習方法を考えます．

$$\min_{f \in \mathcal{H}, b \in \mathbb{R}} \frac{1}{n}\sum_{i=1}^{n} \phi_{\mathrm{hinge}}(y_i(f(x_i)+b)), \quad \text{subject to } \|f\|_{\mathcal{H}} \leq a. \tag{5.7}$$

ここで $a > 0$ は統計モデルを制約するための正則化パラメータです．正則化項を損失関数に加える代わりに，陽に制約条件として導入しています．式 (5.7) の解を $\widehat{f}(x) + \widehat{b}$ とします．このとき定数項 $\widehat{b}$ について以下の補題が成り立ちます．

補題 5.3 再生核ヒルベルト空間 $\mathcal{H}$ に対応するカーネル関数が

$$\sup_{x \in \mathcal{X}} k(x,x) \leq \Lambda^2$$

を満たすと仮定します．このとき

$$|\widehat{b}| \leq a\Lambda + 1$$

を満たす (5.7) の最適解が存在します．

解の存在を示すために，パラメータ b がとり得る範囲を制約して，コンパクト集合上での連続関数の最大値・最小値定理を使います．ただし，再生核ヒルベルト空間 $\mathcal{H}$ が無限次元空間のとき，また有限次元でもグラム行列が縮退しているときには，制約式 $\|f\|_{\mathcal{H}} \leq a$ を満たす元の集合はコンパクト集合 (詳しくは点列コンパクト集合) にはなりません．以下の証明では，表現定理によって有限次元空間上での最適化問題に帰着させ，さらにグラム行列が縮退している場合についても考慮します．

補題 5.3 の証明． 解の存在とその範囲について考えます．表現定理の証明と同様にして，$f(x) = \sum_{i=1}^n \alpha_i k(x_i, x)$ と表せる場合を考えれば十分であることが分かります．グラム行列を $K = (K_{ij})$, $i, j = 1, \ldots, n$ とし，K の核

$$\ker K = \{z \in \mathbb{R}^n \mid Kz = 0\}$$

の直交補空間を $(\ker K)^\perp$ とします．このとき，f の係数 $\alpha = (\alpha_1, \ldots, \alpha_n)$ が $(\ker K)^\perp$ に含まれる場合を考えれば十分です．実際，$\ker K$ の元は損失関数とノルムに影響しません．したがって，係数 α の実行可能領域として

$$F = \{\alpha \in (\ker K)^\perp \mid \alpha^T K \alpha \leq a^2\} \subset \mathbb{R}^n$$

を考えれば十分です．集合 F は楕円体の形をした有界閉集合であることが分かります．元 $\alpha \in F$ から定まる関数 f は，再生性とコーシー・シュワル

ツの不等式より

$$|f(x_i)| = |\langle f, k(x_i, \cdot)\rangle_{\mathcal{H}}| \leq \|f\|_{\mathcal{H}}\|k(x_i, \cdot)\|_{\mathcal{H}} \leq a\Lambda$$

を満たします．制約を満たす $f \in \mathcal{H}$ に対して，関数 $\zeta(b)$ を

$$\zeta(b) = \sum_{i=1}^{n} \phi_{\text{hinge}}(y_i(f(x_i) + b))$$
$$= \sum_{i:y_i=+1} \phi_{\text{hinge}}(f(x_i) + b) + \sum_{i:y_i=-1} \phi_{\text{hinge}}(-f(x_i) - b)$$

と定義します．このとき $b > a\Lambda + 1$ に対して，$\phi_{\text{hinge}}(f(x_i) + b) = 0$，かつ $\sum_{i:y_i=-1} \phi_{\text{hinge}}(-f(x_i) - b)$ は b の非減少関数となります．したがって $b > a\Lambda + 1$ の範囲で $\zeta(b)$ は非減少関数です．同様に $b < -(a\Lambda + 1)$ の範囲で $\zeta(b)$ は非増加関数です．よってパラメータ b の最適解が存在する範囲として，区間 $[-(a\Lambda+1), a\Lambda+1]$ を考えれば十分です．以上より，パラメータ $(\alpha, b) \in \mathbb{R}^n \times \mathbb{R}$ に関して，有限次元空間内の有界閉集合 (コンパクト集合) $F \times [-(a\Lambda+1), a\Lambda+1]$ 上での最適化を考えればよいことが分かります．以上よりコンパクト集合上の連続関数の最小化に帰着され，$|\widehat{b}| \leq a\Lambda + 1$ を満たす最適解が存在することが分かります． □

適当な条件を満たすマージン損失に対して，同様の証明を与えることができます．

判別器の予測判別誤差を評価します．

定理 5.4 補題 5.3 の条件を仮定します．問題 (5.7) を解いて得られる判別器を $\widehat{h}(x) = \text{sign}\left(\widehat{f}(x) + \widehat{b}\right)$ とし，$\widehat{b}$ は $|\widehat{b}| \leq a\Lambda + 1$ を満たすとします．学習データ $\{(x_i, y_i) \mid i = 1, \ldots, n\}$ の分布のもとで $1 - \delta$ 以上の確率で

$$R_{\text{err}}(\widehat{h}) \leq \frac{1}{n}\sum_{i=1}^{n} \phi_{\text{hinge}}(y_i(\widehat{f}(x_i) + \widehat{b})) + \frac{2(3a\Lambda + 2)}{\sqrt{n}} + \sqrt{\frac{\log(1/\delta)}{2n}}$$

が成り立ちます．

この定理から，経験ヒンジ損失が同じ値なら，a の値が小さく統計モデルとして小さいほうが，予測判別誤差が小さくなる傾向があると期待されます．

定理を証明するために，まず集合

$$\mathcal{G} = \{(f,b) \in \mathcal{H} \times \mathbb{R} : \|f\|_{\mathcal{H}} \leq a, |b| \leq a\Lambda + 1\}$$

のラデマッハ複雑度を評価します.

補題 5.5 入力点の集合 S の要素数を n とします. $\mathcal{G}$ の経験ラデマッハ複雑度について,以下が成り立ちます.

$$\widehat{\mathfrak{R}}_S(\mathcal{G}) \leq \frac{3a\Lambda + 2}{\sqrt{n}}.$$

証明. 入力点の集合 $S = \{x_1, \ldots, x_n\} \subset \mathcal{X}$ に対して,以下の不等式が成り立ちます.

$$\widehat{\mathfrak{R}}_S(\mathcal{G}) = \frac{1}{n}\mathbb{E}_\sigma\left[\sup_{(f,b)\in\mathcal{G}} \sum_{i=1}^n \sigma_i(f(x_i) + b)\right]$$
$$\leq \frac{1}{n}\mathbb{E}_\sigma\left[\sup_{\|f\|_\mathcal{H} \leq a} \sum_{i=1}^n \sigma_i f(x_i)\right] + \frac{1}{n}\mathbb{E}_\sigma\left[\sup_{|b| \leq a\Lambda+1} \sum_{i=1}^n \sigma_i b\right].$$

上界の第 1 項は定理 4.11 と系 4.12 から, $a\Lambda/\sqrt{n}$ で抑えられます. 第 2 項の上界を導出します. パラメータ b に関する上限は, $\sum_i \sigma_i$ が正なら $b = a\Lambda + 1$, 負なら $b = -(a\Lambda + 1)$ とすれば達成されます. したがって,マサールの補題 (補題 A.3) より, $\mathbf{1} = (1, \ldots, 1) \in \mathbb{R}^n$ として集合 $A = \{(a\Lambda+1)\mathbf{1}, -(a\Lambda+1)\mathbf{1}\} \subset \mathbb{R}^n$ 上での上限を評価することに対応します. よって

$$\frac{1}{n}\mathbb{E}_\sigma\left[\sup_{|b| \leq a\Lambda+1} \sum_{i=1}^n \sigma_i b\right] = \frac{1}{n}\mathbb{E}_\sigma\left[\sup_{z \in A} \sum_{i=1}^n \sigma_i z_i\right]$$
$$\leq \frac{\sqrt{2\log 2}(a\Lambda+1)}{\sqrt{n}} \leq \frac{2(a\Lambda+1)}{\sqrt{n}}$$

となります. 以上をまとめると,

$$\widehat{\mathfrak{R}}_S(\mathcal{G}) \leq \frac{3a\Lambda + 2}{\sqrt{n}}$$

が得られます. □

予測判別誤差の上界を計算します. 集合 $\phi_{\mathrm{ramp}} \circ \mathcal{G}$ を

$$\phi_{\mathrm{ramp}} \circ \mathcal{G} = \{(x,y) \mapsto \phi_{\mathrm{ramp}}(y(f(x)+b)) \mid (f,b) \in \mathcal{G}\}$$

と定義します．ランプ損失はリプシッツ連続であり，リプシッツ定数は 1 であることから，定理 2.6 より，経験ラデマッハ複雑度について

$$\widehat{\mathfrak{R}}_S(\phi_{\mathrm{ramp}} \circ \mathcal{G}) \leq \widehat{\mathfrak{R}}_S(\mathcal{G}) \leq \frac{3a\Lambda + 2}{\sqrt{n}}$$

となります．上式の最初の不等式では，σ_i と $\sigma_i y_i$ が同じ分布にしたがうことを用いています．ラデマッハ複雑度 $\mathfrak{R}_n(\phi_{\mathrm{ramp}} \circ \mathcal{G})$ に対しても同じ上界が得られます．また $(f, b) \in \mathcal{G}$ に対して

$$\phi_{\mathrm{ramp}}(y(f(x) + b)) \in [0, 1]$$

となります．以上をまとめると，一様大数の法則 (定理 2.7) より，学習データの分布に関して $1 - \delta$ 以上の確率で

$$\sup_{(f,b) \in \mathcal{G}} \left\{ \mathbb{E}[\phi_{\mathrm{ramp}}(Y(f(X) + b))] - \frac{1}{n}\sum_{i=1}^{n} \phi_{\mathrm{ramp}}(y_i(f(x_i) + b)) \right\}$$
$$\leq \frac{2(3a\Lambda + 2)}{\sqrt{n}} + \sqrt{\frac{\log(1/\delta)}{2n}}$$

が成立します．不等式 (5.6) を用いると，$(f, b) \in \mathcal{G}$ から定まる判別器 $h(x) = \mathrm{sign}\,(f(x) + b)$ に対して

$$R_{\mathrm{err}}(h) \leq \mathbb{E}[\phi_{\mathrm{ramp}}(Y(f(X) + b))]$$
$$\leq \frac{1}{n}\sum_{i=1}^{n} \phi_{\mathrm{ramp}}(y_i(f(x_i) + b)) + \frac{2(3a\Lambda + 2)}{\sqrt{n}} + \sqrt{\frac{\log(1/\delta)}{2n}}$$
$$\leq \frac{1}{n}\sum_{i=1}^{n} \phi_{\mathrm{hinge}}(y_i(f(x_i) + b)) + \frac{2(3a\Lambda + 2)}{\sqrt{n}} + \sqrt{\frac{\log(1/\delta)}{2n}}$$

が $1 - \delta$ 以上の確率で成り立ちます．一様な上界なので，学習した判別器 $\widehat{h}$ に対しても成立します．したがって定理 5.4 が成り立つことが分かります．

ランプ損失を使わず，ヒンジ損失に対する一様大数の法則から $R_{\mathrm{err}}(\widehat{h})$ の上界を導出することも可能です．このときは，関数値 $\phi_{\mathrm{hinge}}(y(f(x) + b))$ の上界がランプ損失の場合よりも大きくなるため，定理 5.4 よりも緩い上界が得られます．

本節の解析はランプ損失を用いています．したがって，問題 (5.7) のヒン

ジ損失をランプ損失に置き換えた学習アルゴリズムに対しても，定理 5.4 の
ヒンジ損失をランプ損失に置き換えた上界が成り立ちます．

5.3.5 統計的一致性

C-サポートベクトルマシンの統計的一致性を証明します．入力空間 $\mathcal{X}$ は
コンパクト距離空間とし，カーネル関数 $k(x, x')$ はコンパクト集合 $\mathcal{X}$ 上で定
義された有界な普遍カーネルとします．たとえばガウシアンカーネルを考え
ます．C-サポートベクトルマシン (5.1) を

$$\min_{f,b} \frac{1}{n}\sum_{i=1}^{n} \phi_{\text{hinge}}(y_i(f(x_i)+b)) + \lambda_n \|f\|_{\mathcal{H}}^2 \tag{5.8}$$
$$\text{subject to } f \in \mathcal{H},\ b \in \mathbb{R}$$

と書き直します．正則化パラメータ λ_n はデータ数 n に依存し，適切なス
ピードで 0 に収束するように定める必要があります．本節では次の定理を証
明します．

定理 5.6 (C-サポートベクトルマシンの統計的一致性 [7]) $\mathcal{H}$ を普遍カーネ
ル k に対応する再生核ヒルベルト空間とし，有界性 $\sup_{x \in \mathcal{X}} k(x,x) \leq \Lambda^2$
を仮定します．正則化パラメータ $\lambda_n > 0$ を $\lambda_n \to 0$, $n\lambda_n \to \infty$ となるよ
うに選び，式 (5.8) から得られる判別関数を $\widehat{f}(x) + \widehat{b}$ とします．このとき，
$|\widehat{b}| \leq \Lambda/\sqrt{\lambda_n} + 1$ となる (5.8) の最適解が存在します．また，この条件を満
たす $\widehat{b}$ を用いた判別器に対して，予測判別誤差 $R_{\text{err}}(\widehat{f} + \widehat{b})$ は $n \to \infty$ でベ
イズ誤差 R_{err}^* に確率収束します．

問題 (5.8) は問題 (5.7) とは異なり，関数 $f(x)$ のノルムが制約されていま
せん．しかし，以下の補題 5.7 から，最適解のノルム $\|\widehat{f}\|_{\mathcal{H}}$ がデータに依存
しない上界をもつことが分かります．その上界を用いて，前節と同様の議論
によって判別器の推定誤差を見積もることができます．また普遍カーネルを
用いることで，近似誤差を小さく抑えることができます．これらについて，
以下で順次説明します．

補題 5.7 カーネル関数 k は $\sup_{x \in \mathcal{X}} k(x,x) \leq \Lambda^2$ を満たすと仮定し，

$$\mathcal{G}_n = \left\{ (f,b) \in \mathcal{H} \times \mathbb{R} \,\middle|\, \|f\|_{\mathcal{H}}^2 \leq 1/\lambda_n,\ |b| \leq \Lambda/\sqrt{\lambda_n} + 1 \right\} \tag{5.9}$$

とします．このとき集合 $\mathcal{G}_n$ に含まれる問題 (5.8) の最適解が存在します．

証明．グラム行列を $K = (K_{ij})$, $i, j = 1, \ldots, n$ とします．表現定理を用いて $f(x) = \sum_{i=1}^n \alpha_i k(x_i, x)$ と表します．ここで $\alpha = (\alpha_1, \ldots, \alpha_n)$ とし，集合 $B \subset \mathbb{R}^{n+1}$ を

$$B = \{(\alpha, b) \in (\ker K)^\perp \times \mathbb{R} \mid \alpha^T K \alpha \leq 1/\lambda_n, |b| \leq \Lambda/\sqrt{\lambda_n} + 1\}$$

と定義します．グラム行列 K が縮退しているかどうかにかかわらず，集合 B はコンパクトです[*5]．また損失関数は (α, b) について連続なので，問題 (5.8) の損失関数を集合 B 上で最小化するとき，最適解が存在します．

以下で，パラメータ (α, b) が集合 B に含まれる場合のみを考えれば，問題 (5.8) の最適解が得られることを示します．集合 B 上での最適値よりも損失関数の値が小さくなるパラメータ $(\widetilde{\alpha}, \widetilde{b}) \notin B$ が存在すると仮定します．このとき $\widetilde{\alpha} \in (\ker K)^\perp$ としても一般性は失いません．$\alpha = 0, b = 0$ は B に含まれるので，以下の不等式が成り立ちます．

$$\lambda_n \widetilde{\alpha}^T K \widetilde{\alpha} \leq \frac{1}{n} \sum_{i=1}^n \phi_{\text{hinge}}(y_i(\sum_j K_{ij}\widetilde{\alpha}_j + \widetilde{b})) + \lambda_n \widetilde{\alpha}^T K \widetilde{\alpha}$$
$$< \frac{1}{n} \sum_{i=1}^n \phi_{\text{hinge}}(0) = 1.$$

よって，$\widetilde{\alpha}^T K \widetilde{\alpha} < 1/\lambda_n$ となり，$\widetilde{\alpha}$ は集合 B の α に対する条件を満たします．このとき，補題 5.3 の証明と同様にして，$\widetilde{b}$ については $|\widetilde{b}| \leq \Lambda/\sqrt{\lambda_n} + 1$ の範囲に最適解が存在することが分かります．したがって損失関数の値は集合 B 上での最適値より小さくなることはありません．これは $(\widetilde{\alpha}, \widetilde{b}) \notin B$ の仮定に矛盾します．以上より，問題 (5.8) には最適解が存在し，また最適解は $\mathcal{H} \times \mathbb{R}$ の部分集合 $\mathcal{G}_n$ に含まれることが分かります． □

定理 5.6 の $\widehat{b}$ に関する不等式が証明されました．補題 5.7 より，問題 (5.8) に制約式 $(f, b) \in \mathcal{G}_n$ を加えても最適値は変わりません．また $\mathcal{G}_n$ に含まれる最適解を数値的に得ることも容易です[*6]．

[*5] k が普遍カーネルでも，$x_i = x_j, i \neq j$ のときにはグラム行列が縮退します．
[*6] $\widehat{f} \in \mathcal{H}$ が双対問題の解として得られたあと，主問題を b について $|b| \leq \Lambda/\sqrt{\lambda_n} + 1$ の範囲で黄金分割法を用いて解くことで求まります．

5.3 C-サポートベクトルマシン

以下では，一様大数の法則 (定理 2.7) を用いて，ヒンジ損失のもとでの予測損失を評価します．まず集合 $\mathcal{G}_n$ と $\phi_{\text{hinge}} \circ \mathcal{G}_n$ のラデマッハ複雑度の上界を求めます．補題 5.5 とヒンジ損失のリプシッツ定数が 1 であることから

$$\mathfrak{R}_n(\phi_{\text{hinge}} \circ \mathcal{G}_n) \leq \mathfrak{R}_n(\mathcal{G}_n) \leq \frac{3\Lambda}{\sqrt{n\lambda_n}} + \frac{2}{\sqrt{n}}$$

となります．再生性とコーシー・シュワルツの不等式より，$(f,b) \in \mathcal{G}_n$ に対して

$$|f(x_i) + b| \leq \|f\|_{\mathcal{H}} \|k(x_i, \cdot)\|_{\mathcal{H}} + |b| \leq \frac{2\Lambda}{\sqrt{\lambda_n}} + 1$$

となります．一様大数の法則 (定理 2.7) を用いると，学習データの分布のもとで $1 - \delta$ 以上の確率で

$$\sup_{(f,b) \in \mathcal{G}_n} \left| \mathbb{E}[\phi_{\text{hinge}}(Y(f(X)+b))] - \frac{1}{n} \sum_{i=1}^{n} \phi_{\text{hinge}}(y_i(f(x_i)+b)) \right|$$

$$\leq 2\mathfrak{R}_n(\phi_{\text{hinge}} \circ \mathcal{G}_n) + 2\left(\frac{2\Lambda}{\sqrt{\lambda_n}} + 2\right) \sqrt{\frac{\log(2/\delta)}{2n}}$$

$$\leq 2\bigl(1 + \sqrt{\log(2/\delta)}\bigr) \left(\frac{3\Lambda}{\sqrt{n\lambda_n}} + \frac{2}{\sqrt{n}}\right) \tag{5.10}$$

が成り立ちます．上の不等式は，δ をデータ数 n に依存するように定めても成立します．そこで $\lambda_n \to 0, n\lambda_n \to \infty \, (n \to \infty)$ となる $\lambda_n > 0$ に対して

$$\delta_n = \exp\{-(n\lambda_n)^\kappa\}, \quad 0 < \kappa < 1$$

とすると，十分大きな n に対して確率 $1 - \exp\{-(n\lambda_n)^\kappa\}$ 以上で

$$\sup_{(f,b) \in \mathcal{G}_n} \left| \mathbb{E}[\phi_{\text{hinge}}(Y(f(X)+b))] - \frac{1}{n} \sum_{i=1}^{n} \phi_{\text{hinge}}(y_i(f(x_i)+b)) \right|$$

$$\leq C_\Lambda (n\lambda_n)^{-(1-\kappa)/2} \tag{5.11}$$

が成り立ちます．ここで C_Λ は Λ に依存して定まる値です．

また普遍カーネルに関して，定理 4.14 と式 (4.10) から，$\mathcal{X} \times \{+1, -1\}$ 上の任意の分布に対して

$$\inf_{g:\text{可測}} \mathbb{E}[\phi_{\text{hinge}}(Yg(X))] = \inf_{f \in \mathcal{H}, b \in \mathbb{R}} \mathbb{E}[\phi_{\text{hinge}}(Y(f(X)+b))] \tag{5.12}$$

が成り立ちます.

以上の結果を用いて,ヒンジ損失のもとでの予測損失 $R_{\phi_{\text{hinge}}}(\widehat{f}+\widehat{b})$ の収束性を証明することができます.

補題 5.8 正則化パラメータ $\lambda_n > 0$ は,$n \to \infty$ のとき $\lambda_n \to 0, n\lambda_n \to \infty$ を満たすとします.普遍カーネル k を用いて,問題 (5.8) から $(\widehat{f},\widehat{b}) \in \mathcal{G}_n$ を学習するとき,ヒンジ損失のもとでの予測損失 $R_{\phi_{\text{hinge}}}(\widehat{f}+\widehat{b})$ は $R^*_{\phi_{\text{hinge}}}$ に確率収束します.

証明. 式 (5.12) より,$0 < \varepsilon < 1$ となる ε に対して

$$\mathbb{E}[\phi_{\text{hinge}}(Y(f^*(X)+b^*))] \leq \inf_{g:\text{可測}} \mathbb{E}[\phi_{\text{hinge}}(Yg(X))] + \varepsilon = R^*_{\phi_{\text{hinge}}} + \varepsilon$$

を満たす $f^* \in \mathcal{H}, b^* \in \mathbb{R}$ が存在します.ここで

$$\|f^*\|^2_{\mathcal{H}} \leq \varepsilon/\lambda_n, \quad |b^*| \leq \Lambda\sqrt{\varepsilon/\lambda_n} + 1$$

となるように n を大きくとります.条件 $\varepsilon < 1$ から,(f^*, b^*) は式 (5.9) の $\mathcal{G}_n$ に含まれます.さらに,(5.11) の上界について,$C_\Lambda(n\lambda_n)^{-(1-\kappa)/2} < \varepsilon$ が満たされるように十分大きな n を選びます.学習データ数を n として (5.11) を用いると,(5.8) の最適解 $(\widehat{f},\widehat{b}) \in \mathcal{G}_n$ に対して確率 $1-\exp\{-(n\lambda_n)^\kappa\}$ 以上で次の式が成り立ちます.

$$\begin{aligned}
&R_{\phi_{\text{hinge}}}(\widehat{f}+\widehat{b}) \\
&\leq R_{\phi_{\text{hinge}}}(f^*+b^*) + R_{\phi_{\text{hinge}}}(\widehat{f}+\widehat{b}) - \widehat{R}_{\phi_{\text{hinge}}}(\widehat{f}+\widehat{b}) \\
&\quad + \widehat{R}_{\phi_{\text{hinge}}}(\widehat{f}+\widehat{b}) + \lambda_n\|\widehat{f}\|^2_{\mathcal{H}} - R_{\phi_{\text{hinge}}}(f^*+b^*) \\
&\leq R_{\phi_{\text{hinge}}}(f^*+b^*) + R_{\phi_{\text{hinge}}}(\widehat{f}+\widehat{b}) - \widehat{R}_{\phi_{\text{hinge}}}(\widehat{f}+\widehat{b}) \\
&\quad + \widehat{R}_{\phi_{\text{hinge}}}(f^*+b^*) + \lambda_n\|f^*\|^2_{\mathcal{H}} - R_{\phi_{\text{hinge}}}(f^*+b^*) \\
&\leq R_{\phi_{\text{hinge}}}(f^*+b^*) + \lambda_n\|f^*\|^2_{\mathcal{H}} \\
&\quad + 2\sup_{(f,b)\in\mathcal{G}_n}\left|R_{\phi_{\text{hinge}}}(f+b) - \widehat{R}_{\phi_{\text{hinge}}}(f+b)\right| \\
&\leq R^*_{\phi_{\text{hinge}}} + 4\varepsilon.
\end{aligned}$$

2 番目の不等式は $(\widehat{f},\widehat{b})$ の $\mathcal{G}_n$ 上での最適性から導かれ,また最後の不等式以外は常に成立します.以上より,任意の $\varepsilon \in (0,1)$ に対して

$$\lim_{n\to\infty} \Pr\left(R_{\phi_{\text{hinge}}}(\widehat{f}+\widehat{b}) \leq R^*_{\phi_{\text{hinge}}} + \varepsilon\right) = 1$$

となり，確率収束が証明されました． □

判別適合的損失の理論から，仮説 $\widehat{h} = \text{sign}\left(\widehat{f}(x)+\widehat{b}\right)$ に対して予測判別誤差 $R_{\text{err}}(\widehat{h})$ がベイズ誤差 R^*_{err} に確率収束することが分かります．実際，第 3 章の例 3.3 より

$$0 \leq R_{\text{err}}(\widehat{h}) - R^*_{\text{err}} \leq R_{\phi_{\text{hinge}}}(\widehat{f}+\widehat{b}) - R^*_{\phi_{\text{hinge}}}$$

となるので，補題 5.8 から $R_{\text{err}}(\widehat{h})$ が R^*_{err} に確率収束することが分かります．

5.4 ν-サポートベクトルマシン

ν-サポートベクトルマシンは，C-サポートベクトルマシンの正則化パラメータ C を，より明解な意味をもつパラメータ ν に置き換えた学習アルゴリズムです．

データ (x,y) に対する判別関数 $f(x)+b$ の損失をヒンジ損失 ϕ_{hinge} で測るとします．このとき $\text{sign}(f(x_i)+b) = y_i$ であっても，マージン $m_i = y_i(f(x_i)+b)$ の値が 1 未満のときには非零の損失を被ります．しきい値である 1 は，定数としてあらかじめ決められています．一方，しきい値をデータに合わせて可変にし，マージンがある正数 ρ 未満のとき損失を被るような損失関数を用いることもできます．これは，損失関数を $\max\{\rho - m_i, 0\}$ とすることで実現できます．ここで ρ を可変にすると，どのようなデータに対しても小さな ρ を選べばよいことになり，このままでは適切に損失を測ることができません．そこで，しきい値 ρ を小さくすることに対するペナルティ項 $-\nu\rho$ を加え

$$-\nu\rho + \max\{\rho - m_i, 0\}$$

として，判別関数に対する損失を定義します．ここでパラメータ ν はペナルティの重みで，$\nu > 0$ とします．学習データ $\{(x_i, y_i) \mid i = 1, \ldots, n\}$ が与えられたとき，ν-サポートベクトルマシンでは，上の損失に正則化項を加えた最適化問題

$$\min_{f,b,\rho} \frac{1}{2}\|f\|_{\mathcal{H}}^2 - \nu\rho + \frac{1}{n}\sum_{i=1}^{n}\max\{\rho - y_i(f(x_i)+b), 0\} \tag{5.13}$$
$$\text{subject to } f \in \mathcal{H},\ b, \rho \in \mathbb{R}$$

を解くことで判別器を学習します．しきい値パラメータ ρ も最適化パラメータとして適切に調整します．5.4.1 節で示すように，重み ν は統計モデル $f(x)+b$ の自由度を制御する正則化パラメータとして解釈できます．しきい値 ρ に非負値条件 $\rho \geq 0$ を課して最適化する定式化もあります．しかし，$\nu > 0$ なら (5.13) における ρ の最適解は非負です．なぜなら，$f=0, b=0, \rho=0$ は (5.13) の実行可能解なので，最適解 f, b, ρ に対して

$$-\nu\rho \leq \frac{1}{2}\|f\|_{\mathcal{H}}^2 - \nu\rho + \frac{1}{n}\sum_{i=1}^{n}\max\{\rho - y_i(f(x_i)+b), 0\}$$
$$\leq \frac{1}{2}\|0\|_{\mathcal{H}}^2 - \nu \cdot 0 + \frac{1}{n}\sum_{i=1}^{n}\max\{0 - y_i \cdot 0, 0\}$$
$$= 0$$

となり，$\nu > 0$ のとき $\rho \geq 0$ となります．

5.4.1 ν-サポートベクトルマシンの性質

まず C-サポートベクトルマシンと ν-サポートベクトルマシンの関連について説明します．まず ν-サポートベクトルマシン (5.13) の最適性条件を導出します．表現定理を用いて有限次元最適化問題として定式化し，さらに変数 ξ_i を導入して，しきい値を可変にしたヒンジ損失を

$$\max\{\rho - m_i, 0\} = \min\{\xi_i \,|\, \xi_i \geq 0,\ \xi_i \geq \rho - m_i\}$$

と表現します．グラム行列を $K=(K_{ij}),\ i,j=1,\ldots,n$ とし，主問題の変数を α_i, b, ξ_i, ρ，また ξ_i の制約式に対する非負のラグランジュ乗数を β_i, γ_i とすると，(5.13) のラグランジュ関数は

$$L(\alpha, b, \rho, \xi, \beta, \gamma) = \frac{1}{2}\alpha^T K\alpha - \nu\rho + \frac{1}{n}\sum_{i=1}^{n}\xi_i - \sum_i \beta_i \xi_i$$
$$+ \sum_i \gamma_i\{\rho - y_i(\sum_j K_{ij}\alpha_j + b) - \xi_i\}$$

となります.ミニマックス定理 (定理 B.9) を適用すると

$$
\begin{aligned}
&\inf_{\alpha,b,\rho,\xi} \sup_{\beta \geq 0, \gamma \geq 0} L(\alpha,b,\rho,\xi,\beta,\gamma) \\
&= \sup_{\beta \geq 0, \gamma \geq 0} \inf_{\alpha,b,\rho,\xi} L(\alpha,b,\rho,\xi,\beta,\gamma) \\
&= \sup_{\beta \geq 0, \gamma \geq 0} \inf_{b,\rho,\xi} \Big\{ -\frac{1}{2} \sum_{i,j} \gamma_i \gamma_j y_i y_j K_{ij} - b \sum_i y_i \gamma_i + \rho \Big(\sum_i \gamma_i - \nu \Big) \\
&\qquad\qquad\qquad + \sum_i \xi_i \big(\tfrac{1}{n} - \gamma_i - \beta_i \big) \Big\} \\
&= -\frac{1}{2} \min_{\gamma \geq 0} \Big\{ \sum_{i,j} \gamma_i \gamma_j y_i y_j K_{ij} \ \Big| \ 0 \leq \gamma_i \leq \tfrac{1}{n},\ \sum_i \gamma_i = \nu,\ \sum_i y_i \gamma_i = 0 \Big\}
\end{aligned}
\tag{5.14}
$$

となります.これより,次の最適性条件が得られます.

ラグランジュ関数の極値条件・双対問題の制約式:

$$\sum_j \alpha_j K_{ij} = \sum_j \gamma_j y_j K_{ij}, \quad i=1,\ldots,n,$$

$$\sum_i y_i \gamma_i = 0, \quad \sum_i \gamma_i = \nu,$$

$$0 \leq \gamma_i \leq \frac{1}{n}, \quad i=1,\ldots,n.$$

主問題の制約式:$i=1,\ldots,n$ に対して

$$\xi_i \geq 0, \quad \xi_i \geq \rho - y_i \Big(\sum_j \alpha_j K_{ji} + b \Big).$$

相補性条件:$i=1,\ldots,n$ に対して

$$\xi_i \Big(\frac{1}{n} - \gamma_i \Big) = 0,$$

$$\gamma_i \Big\{ \rho - y_i \Big(\sum_j \alpha_j K_{ij} + b \Big) - \xi_i \Big\} = 0.$$

上式を 5.3.1 節の C-サポートベクトルマシンの最適性条件と比べると,次のことが分かります.

定理 5.9

1. ν-サポートベクトルマシン (5.13) の最適解を $f \in \mathcal{H}, b, \rho \in \mathbb{R}$ とします. $\rho > 0$ のとき, $f/\rho \in \mathcal{H}, b/\rho \in \mathbb{R}$ は $C = (n\rho)^{-1}$ としたときの C-サポートベクトルマシン (5.1) に対する最適解になります.
2. C-サポートベクトルマシン (5.1) の最適解を $f \in \mathcal{H}, b \in \mathbb{R}$ とし, 双対変数の最適解を γ_i, $i = 1, \ldots, n$ とします. このとき $(nC)^{-1} f \in \mathcal{H}, (nC)^{-1} b, \rho = (nC)^{-1} \in \mathbb{R}$ は $\nu = (nC)^{-1} \sum_{i=1}^{n} \gamma_i$ としたときの ν-サポートベクトルマシン (5.13) に対する最適解になります.

C-サポートベクトルマシンでは, 学習された判別器と正則化パラメータ C との間には明解な関連は与えられていません. 一方, ν-サポートベクトルマシンでは, 正則化パラメータ ν は以下で示すように明解な意味をもっています. このため交差確認法などで ν を決めるとき, グリッド探索の範囲を指定しやすいなどの利点があります.

学習データ上での判別関数 $f(x) + b$ の**経験マージン判別誤差** (empirical margin classification error) を

$$\widehat{R}_{\mathrm{err},\rho}(f + b) = \frac{1}{n} \sum_{i=1}^{n} \mathbf{1}[y_i(f(x_i) + b) < \rho]$$

と定めます. マージン ρ が正のとき, 経験マージン判別誤差は経験判別誤差 $\widehat{R}_{\mathrm{err}}(f + b)$ の上界を与えます. 次の定理によって, パラメータ ν の解釈が与えられます.

定理 5.10 ν-サポートベクトルマシンで学習された判別関数 $f(x) + b$ に対して, ν はサポートベクトル比に対する下限を与えます. また ν は, ν-サポートベクトルマシンの最適解 ρ から定まる経験マージン判別誤差の上界を与えます.

証明. ν-サポートベクトルマシンの最適性条件より, 双対変数 γ_i に対して $0 \le \gamma_i \le 1/n$ と $\sum_i \gamma_i = \nu$ が成り立ちます. またサポートベクトルの集合は $\mathrm{SV} = \{i \,|\, \gamma_i > 0\}$ と表せます. よって

$$\frac{|\mathrm{SV}|}{n} = \sum_{i \in \mathrm{SV}} \frac{1}{n} \ge \sum_{i \in \mathrm{SV}} \gamma_i = \nu$$

を得ます．次に経験マージン判別誤差の上界を評価します．不等式 $y_i(f(x_i)+b) < \rho$ が成り立つとき，最適性条件から $0 < \rho - y_i(f(x_i)+b) \leq \xi_i$ より $\xi_i > 0$ を得ます．したがって，ν-サポートベクトルマシンの相補性条件 $\xi_i(1/n - \gamma_i) = 0$ より $\gamma_i = 1/n$ となります．よって，

$$\sum_{i=1}^n \mathbf{1}[y_i(f(x_i)+b) < \rho] \leq \sum_{i=1}^n \mathbf{1}[\gamma_i = 1/n] \leq \sum_{i=1}^n n\gamma_i = n\nu$$

となります．最後の等式は，ν-サポートベクトルマシンの最適性条件から得られます．以上より $\widehat{R}_{\mathrm{err},\rho}(f+b) \leq \nu$ が得られます． $\square$

パラメータ ν がサポートベクトルの比率の下限を与えるため，ν は $0 < \nu \leq 1$ の範囲から選ぶ必要があります．もし $\nu > 1$ なら最適解は存在しません．さらに，ν は $(0,1]$ に含まれるある区間 $[\nu_{\min}, \nu_{\max}]$ から選びます．これについては 5.4.2 節で詳しく述べます．

定理 5.10 から，パラメータ ν は統計モデルの複雑度を指定する正則化パラメータと解釈できます．パラメータ ν が大きいほどサポートベクトルの数が多いので，正則化が弱く，複雑な統計モデルを用いて学習を行うことに対応します．同時に ν は経験マージン判別誤差の上界を与えます．一見すると，これは ν が統計モデルの複雑度に対応することに反するように考えられます．しかし，ν が大きいほど ρ の値が大きくなる傾向にあることから理解することができます．

5.4.2 双対表現と最小距離問題

ν-サポートベクトルマシンの双対問題から，2 値判別における判別境界の学習に対する直感的な理解が得られます．さらに，パラメータ ν がとり得る値の範囲も定まります．

式 (5.14) に等式

$$\sum_{i,j} \gamma_i \gamma_j y_i y_j K_{ij} = \left\| \sum_{i:y_i=+1} \gamma_i k(x_i, \cdot) - \sum_{i:y_i=-1} \gamma_i k(x_i, \cdot) \right\|_{\mathcal{H}}^2$$

を適用し，さらに $2\gamma_i/\nu$ を新たに γ_i と表すと，ν-サポートベクトルマシン双対問題は

$$-\frac{\nu^2}{8}\min_{\gamma}\left\|\sum_{i:y_i=+1}\gamma_i k(x_i,\cdot)-\sum_{j:y_j=-1}\gamma_j k(x_j,\cdot)\right\|_{\mathcal{H}}^2$$
$$\text{subject to}\quad \sum_{i:y_i=+1}\gamma_i=\sum_{j:y_j=-1}\gamma_j=1,\ 0\leq\gamma_i\leq\frac{2}{n\nu}$$

となります.

双対問題の幾何学的な解釈を与えます. ラベル ± 1 に対して集合 U_+ と U_- をそれぞれ

$$U_+=\left\{\sum_{i:y_i=+1}\gamma_i k(x_i,\cdot)\in\mathcal{H}\ \middle|\ \sum_{i:y_i=+1}\gamma_i=1,\ 0\leq\gamma_i\leq\frac{2}{n\nu}\right\}$$
$$U_-=\left\{\sum_{i:y_i=-1}\gamma_i k(x_i,\cdot)\in\mathcal{H}\ \middle|\ \sum_{i:y_i=-1}\gamma_i=1,\ 0\leq\gamma_i\leq\frac{2}{n\nu}\right\}$$

と定義します. 集合 U_+ は $+1$ のラベルをもつデータ点 $\{k(x_i,\cdot)|y_i=+1\}$ の凸包に含まれ, 集合 U_- も同様です. これらの集合は, 凸包を縮小しているので**縮小凸包** (reduced convex hull) とよばれます. 双対問題は, 係数 $-\nu^2/8$ を除くと U_+ と U_- の間の**最小距離問題** (minimum distance problem)

$$\min_{u_+,u_-}\|u_+-u_-\|_{\mathcal{H}}^2\quad\text{subject to}\quad u_+\in U_+,\ u_-\in U_-$$

と等価です. 図 5.2 に示すように, 判別境界は, 最小距離問題の解として得られる $u_+^*\in U_+$ と $u_-^*\in U_-$ を結ぶ線分を法線方向とする $\mathcal{H}$ 内の超平面です. ただし, 必ずしも線分を 2 等分する点を通るとは限りません.

以上のように ν-サポートベクトルマシンを定式化すると, ν のとり得る範囲を幾何学的に特定することができます. パラメータ ν が小さいほど, 集合 U_+,U_- は大きくなることに注意します. ちょうど U_+ と U_- が接するときの ν を $\nu_{\min}$ とすると, $\nu\leq\nu_{\min}$ のとき $U_+\cap U_-\neq\emptyset$ となります. このとき $u\in U_+\cap U_-$ となる u が存在するので, 双対問題の最適値は 0 になります. 一方, 主問題において $f=0, b=0, \rho=0$ とすると, (5.13) の目的関数の値は 0 になります. したがって弱双対性 (B.7) より, $U_+\cap U_-\neq\emptyset$ のとき ν-サポートベクトルマシンは自明な最適解 $f=0, b=0, \rho=0$ をもちます. また ν の値が大きいときには, U_+ または U_- が空集合になることがあります. 実際, ラベル $+1$ と -1 のデータの数をそれぞれ n_+, n_- として

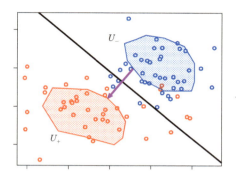

図 5.2 縮小凸包 U_+, U_- の間の最小距離問題と判別境界.

$n_+ \leq n_-$ と仮定すると

$$n_+ \cdot \frac{2}{n\nu} < 1$$

のとき，U_+ は空集合となります．一般的には，$\nu_{\max} = 2\min\{n_+, n_-\}/n$ とおくと，$\nu_{\max} < \nu$ のとき双対問題は実行不可能になり，主問題は非有界になります．定義から $\nu_{\max} \leq 1$ となります．

以上より，次の結果を得ます．

- $\nu \leq \nu_{\min}$ のとき：ν-サポートベクトルマシン (5.13) は自明な解 $f = 0$, $b = 0$, $\rho = 0$ をもつ．
- $\nu > \nu_{\max} = 2\min\{n_+, n_-\}/n$ のとき：ν-サポートベクトルマシン (5.13) は非有界となり，最適解は存在しない．

したがって，最適解が存在するためには $\nu \in (0, \nu_{\max}]$ と設定する必要があります．一方，$\nu \in (0, \nu_{\min}]$ の範囲では自明な最適解が得られるため，適切な判別器を学習することができません．これは，ν が小さすぎるために統計モデルの自由度が非常に小さくなることに起因すると解釈できます．

定理 5.9 で示した ν-サポートベクトルマシンと C-サポートベクトルマシンの対応関係が成立するためには，$\nu \in (0, \nu_{\max}]$ とする必要があります．また $\nu \in (\nu_{\min}, \nu_{\max}]$ に対して，自明でない最適解の間の対応が与えられます．

5.4.3 予測判別誤差の評価と統計的一致性

ν-サポートベクトルマシンの予測判別誤差と統計的一致性について解説します．とくに ν の値と予測判別誤差の関連を紹介します．

予測判別誤差の一様バウンドについては，簡単のため判別関数の統計モデルとして再生核ヒルベルト空間 $\mathcal{H}$ を考えます．つまりパラメータ b を含めない「バイアス項なしモデル」を用います．バイアス項なしモデルを用いると，$\nu \in (0,1)$ なら最適解が存在します．なぜなら，5.4.2 節の双対問題から制約式 $\sum_i y_i \gamma_i = 0$ が除かれ，任意の $\nu \in (0,1)$ に対して双対問題が実行可能になるためです．また，ν-サポートベクトルマシンによって得られる最適解 $f = \widehat{f} \in \mathcal{H}, \rho = \widehat{\rho} \in \mathbb{R}$ に対する経験マージン判別誤差について，バイアス項なしモデルの場合も

$$\widehat{R}_{\mathrm{err},\widehat{\rho}}(\widehat{f}) \leq \nu$$

が成り立ちます．予測判別誤差

$$R_{\mathrm{err}}(\widehat{f}) = \mathbb{E}[\mathbf{1}[\mathrm{sign}\left(\widehat{f}(X)\right) \neq Y]]$$

に関して次の定理が成り立ちます．

定理 5.11 カーネル関数の有界性 $\sup_{x \in \mathcal{X}} k(x,x) \leq \Lambda^2$ を仮定します．学習データの分布のもとで確率 $1 - \delta$ 以上で

$$R_{\mathrm{err}}(\widehat{f}) \leq \mathrm{UB}(\widehat{f}, \widehat{\rho})$$

が成立します．ここで

$$\mathrm{UB}(\widehat{f}, \widehat{\rho}) = \begin{cases} \nu + \dfrac{4\|\widehat{f}\|_{\mathcal{H}} \Lambda}{\widehat{\rho}\sqrt{n}} + \sqrt{\dfrac{\log \log_2(4\|\widehat{f}\|_{\mathcal{H}} \Lambda/\widehat{\rho})}{n}} + \sqrt{\dfrac{\log(2/\delta)}{2n}}, & \widehat{\rho} > 0, \\ 1, & \widehat{\rho} = 0 \end{cases}$$

とします．

以下，定理 5.11 を証明します．まず，再生核ヒルベルト空間 $\mathcal{H}$ のなかの単位球を

$$\mathcal{B} = \{f \in \mathcal{H} \mid \|f\|_{\mathcal{H}} \leq 1\}$$

とします．正数 $\rho > 0$ に対してマージン損失 $\Phi_\rho(m)$ を

$$\Phi_\rho(m) = \begin{cases} 0, & \rho \leq m, \\ 1 - m/\rho, & 0 \leq m \leq \rho, \\ 1, & m \leq 0 \end{cases}$$

と定義すると，不等式

$$\mathbf{1}[m \leq 0] \leq \Phi_\rho(m) \leq \mathbf{1}[m < \rho]$$

が $\rho > 0$ に対して成立することが分かります．**予測 Φ_ρ-マージン損失** (predictive Φ_ρ-margin loss) と**経験 Φ_ρ-マージン損失** (empirical Φ_ρ-margin loss) をそれぞれ

$$R_{\Phi,\rho}(f) = \mathbb{E}[\Phi_\rho(Yf(X))],$$
$$\widehat{R}_{\Phi,\rho}(f) = \frac{1}{n}\sum_{i=1}^{n} \Phi_\rho(Y_i f(X_i))$$

とします．マージン損失 Φ_ρ を用いて，予測判別誤差 $R_{\mathrm{err}}(f)$ と経験マージン判別誤差 $\widehat{R}_{\mathrm{err},\rho}(f)$ を関連付けます．関数集合

$$\Phi_\rho \circ \mathcal{B} = \{(x,y) \mapsto \Phi_\rho(yf(x)) : f \in \mathcal{B}\}$$

に対して，定理 2.6 の 4 と系 4.12 を使って $\Phi_\rho \circ \mathcal{B}$ のラデマッハ複雑度 $\mathfrak{R}_n(\Phi_\rho \circ \mathcal{B})$ を評価すると，マージン損失 Φ_ρ のリプシッツ定数が $1/\rho$ であることから

$$\mathfrak{R}_n(\Phi_\rho \circ \mathcal{B}) \leq \frac{1}{\rho}\mathfrak{R}_n(\mathcal{B}) \leq \frac{\Lambda}{\rho\sqrt{n}}$$

となります．一様大数の法則 (定理 2.7) より，学習データの分布に関して確率 $1-\delta$ 以上で，任意の $f \in \mathcal{B}$ に対して

$$R_{\Phi,\rho}(f) \leq \widehat{R}_{\Phi,\rho}(f) + \frac{2\Lambda}{\rho\sqrt{n}} + \sqrt{\frac{\log(1/\delta)}{2n}} \tag{5.15}$$

が成り立ちます．

バイアス項なしモデルを用いた ν-サポートベクトルマシンで，$\widehat{f} \in \mathcal{H}$ と $\widehat{\rho} \in \mathbb{R}$ が最適解として得られたとします．この $\widehat{\rho}$ は学習データに依存する確率変数です．このため (5.15) に $\widehat{\rho}$ を代入して，

$$R_{\Phi,\widehat{\rho}}(\widehat{f}) \leq \widehat{R}_{\Phi,\widehat{\rho}}(\widehat{f}) + \frac{2\Lambda}{\widehat{\rho}\sqrt{n}} + \sqrt{\frac{\log(1/\delta)}{2n}}$$

とすると，$1-\delta$ が確率値の下界となることが保証されません．以下では，学習されたパラメータ $\widehat{\rho}$ を代入しても成立する一様バウンドを導出します．

補題 5.12 学習データの分布のもとで確率 $1-\delta$ 以上で，任意の $f \in \mathcal{B}$ と任意の $\rho \in (0, \Lambda]$ に対して

$$R_{\mathrm{err}}(f) \leq \widehat{R}_{\Phi,\rho}(f) + \frac{4\Lambda}{\rho\sqrt{n}} + \sqrt{\frac{\log \log_2(4\Lambda/\rho)}{n}} + \sqrt{\frac{\log(2/\delta)}{2n}}$$

が成り立ちます．

証明． 非負整数 k と $\varepsilon > 0$ に対して

$$\rho_k = \Lambda/2^k, \quad \varepsilon_k = \varepsilon + \sqrt{\frac{\log(k+1)}{n}}$$

と定義します．このとき，各 $k \geq 0$ に対して (5.15) より

$$\Pr\left(\sup_{f \in \mathcal{B}} \left\{ R_{\Phi,\rho_k}(f) - \widehat{R}_{\Phi,\rho_k}(f) \right\} > \frac{2\Lambda}{\rho_k\sqrt{n}} + \varepsilon_k \right) \leq e^{-2n\varepsilon_k^2}$$

となります．したがって，

$$\Pr\left(\bigcup_{k \geq 0} \left\{ \sup_{f \in \mathcal{B}} \left\{ R_{\Phi,\rho_k}(f) - \widehat{R}_{\Phi,\rho_k}(f) \right\} > \frac{2\Lambda}{\rho_k\sqrt{n}} + \varepsilon_k \right\} \right)$$

$$\leq \sum_{k \geq 0} e^{-2n\varepsilon_k^2}$$

$$\leq \sum_{k \geq 0} e^{-2n(\varepsilon^2 + (\log(k+1))/n)}$$

$$\leq 2 e^{-2n\varepsilon^2} \qquad \left(\sum_{k \geq 0} \frac{1}{(k+1)^2} = \frac{\pi^2}{6} < 2 \right)$$

を得ます．$\rho \in (0, \Lambda]$ に対して $\rho_k < \rho \leq \rho_{k-1}$ となる k を選ぶと，$\rho \leq$

$\rho_{k-1} = 2\rho_k$ より $1/\rho_k \leq 2/\rho$ となります. よって

$$\log(k+1) = \log\log_2 \frac{2\Lambda}{\rho_k} \leq \log\log_2 \frac{4\Lambda}{\rho}$$

となります. さらに

$$R_{\mathrm{err}}(f) \leq R_{\Phi,\rho_k}(f), \quad \widehat{R}_{\Phi,\rho_k}(f) \leq \widehat{R}_{\Phi,\rho}(f)$$

より

$$\Pr\bigg(\sup_{f \in \mathcal{B}}\big\{R_{\mathrm{err}}(f) - \widehat{R}_{\Phi,\rho}(f)\big\} > \frac{4\Lambda}{\rho\sqrt{n}} + \sqrt{\frac{\log\log_2(4\Lambda/\rho)}{n}} + \varepsilon\bigg)$$
$$\leq \Pr\bigg(\bigcup_{k \geq 0}\Big\{\sup_{f \in \mathcal{B}}\big\{R_{\Phi,\rho_k}(f) - \widehat{R}_{\Phi,\rho_k}(f)\big\} > \frac{2\Lambda}{\rho_k\sqrt{n}} + \varepsilon_k\Big\}\bigg)$$
$$\leq 2e^{-2n\varepsilon^2}$$

が成り立ちます. $\square$

補題 5.13 カーネル関数の有界性 $\sup_{x \in \mathcal{X}} k(x,x) \leq \Lambda^2$ を仮定します. バイアス項なしモデルを用いた ν-サポートベクトルマシンの最適解を $\widehat{f} \in \mathcal{H}, \widehat{\rho} \in \mathbb{R}$ とします. このとき $0 \leq \widehat{\rho} \leq \|\widehat{f}\|_{\mathcal{H}}\Lambda$ が成立します.

証明. 再生核ヒルベルト空間における再生性とコーシー・シュワルツの不等式から, $|f(x)| \leq \|f\|_{\mathcal{H}}\Lambda$ が成り立ちます. 判別関数を $f = \widehat{f}$ に固定し, ρ に関する最適化問題

$$\min_{\rho} \frac{1}{2}\|\widehat{f}\|_{\mathcal{H}}^2 - \nu\rho + \frac{1}{n}\sum_{i=1}^{n} \max\{\rho - y_i\widehat{f}(x_i), 0\}$$

を考えます. $\|\widehat{f}\|_{\mathcal{H}}\Lambda \leq \rho$ のとき, 目的関数で ρ に関係する部分は

$$-\nu\rho + \frac{1}{n}\sum_{i=1}^{n}\max\{\rho - y_i\widehat{f}(x_i), 0\} = -\nu\rho + \frac{1}{n}\sum_{i=1}^{n}(\rho - y_i\widehat{f}(x_i))$$
$$= (1-\nu)\rho - \frac{1}{n}\sum_{i=1}^{n} y_i\widehat{f}(x_i)$$

となり, ρ について増加関数になります. 一方, バイアス項 b があるモデル

を用いる場合と同様にして，$\widehat{\rho} \geq 0$ を示すことができます．したがって，$0 \leq \widehat{\rho} \leq \|\widehat{f}\|_{\mathcal{H}}\Lambda$ となります． □

ν-サポートベクトルマシンの最適解を $\widehat{f}, \widehat{\rho}$ とします．補題 5.12 は $\widehat{\rho} = 0$ のときには適用できません．しかし，補題 5.12 で，ρ の区間に 0 を含めて $\rho \in [0, \Lambda]$ とし，$\rho = 0$ の場合は任意の $f \in \mathcal{B}$ に対して常に成り立つ不等式 $R_{\mathrm{err}}(f) \leq 1$ を割り当てます．この上界を用いることで，確率 $1 - \delta$ を修正することなしに，$\widehat{\rho} = 0$ の場合を含めることができます．

定理 5.11 を証明します．$\widehat{\rho} > 0$ のとき補題 5.13 より $\widehat{f} \neq 0$ となります．$\widehat{f}/\|\widehat{f}\|_{\mathcal{H}} \in \mathcal{B}$ と $\widehat{\rho}/\|\widehat{f}\|_{\mathcal{H}} \in (0, \Lambda]$ を補題 5.12 の f と ρ に代入します．$\widehat{R}_{\Phi,\rho}(f)$ と $\widehat{R}_{\mathrm{err},\rho}(f)$ の間に成り立つ不等式

$$\widehat{R}_{\Phi,\rho}(f) \leq \widehat{R}_{\mathrm{err},\rho}(f), \qquad \widehat{R}_{\mathrm{err},\frac{\widehat{\rho}}{\|\widehat{f}\|_{\mathcal{H}}}}\left(\frac{\widehat{f}}{\|\widehat{f}\|_{\mathcal{H}}}\right) = \widehat{R}_{\mathrm{err},\widehat{\rho}}(\widehat{f}) \leq \nu$$

を用いると，補題 5.12 の上界は

$$\widehat{R}_{\mathrm{err},\frac{\widehat{\rho}}{\|\widehat{f}\|_{\mathcal{H}}}}\left(\frac{\widehat{f}}{\|\widehat{f}\|_{\mathcal{H}}}\right) + \frac{4\|\widehat{f}\|_{\mathcal{H}}\Lambda}{\widehat{\rho}\sqrt{n}} + \sqrt{\frac{\log\log_2(4\|\widehat{f}\|_{\mathcal{H}}\Lambda/\widehat{\rho})}{n}} + \sqrt{\frac{\log(2/\delta)}{2n}}$$

$$\leq \nu + \frac{4\|\widehat{f}\|_{\mathcal{H}}\Lambda}{\widehat{\rho}\sqrt{n}} + \sqrt{\frac{\log\log_2(4\|\widehat{f}\|_{\mathcal{H}}\Lambda/\widehat{\rho})}{n}} + \sqrt{\frac{\log(2/\delta)}{2n}} \qquad (5.16)$$

となります．また $\widehat{\rho} = 0$ のときは自明に成立する不等式が割り当てられます．したがって，関数 $\mathrm{UB}(\widehat{f}, \widehat{\rho})$ が $R_{\mathrm{err}}(\widehat{f})$ の確率的な上界を与えることが分かります．以上で，定理 5.11 が成り立つことが分かりました．

次に，ν-サポートベクトルマシンの統計的一致性に関する結果[5]を紹介します．以下では，バイアス項をもつ統計モデル $f(x) + b, f \in \mathcal{H}, b \in \mathbb{R}$ を用います．

定理 5.14 入力空間 $\mathcal{X}$ はユークリッド空間のコンパクト集合，$\mathcal{H}$ は $\mathcal{X}$ 上の普遍カーネル $k(x, x')$ から定義される再生核ヒルベルト空間とします．データ $(x, y) \in \mathcal{X} \times \{+1, -1\}$ 上の分布のもとでのベイズ誤差を R_{err}^* とします．パラメータ ν に対して $\nu > 2R_{\mathrm{err}}^*$ を仮定し，ν-サポートベクトルマシンの解を $\widehat{f} + \widehat{b}$ とします．このとき，任意の $\varepsilon > 0$ に対して $c > 0$ が存在して以下が成立します．

$$\Pr\left\{R_{\mathrm{err}}(\widehat{f}+\widehat{b}) \leq \nu - R_{\mathrm{err}}^* + \varepsilon\right\} \geq 1 - e^{-cn}.$$

定理 5.14 から，正則化パラメータ ν をベイズ誤差の 2 倍程度に選ぶ必要があります．この結果は，C-サポートベクトルマシンで学習される判別器がベイズ規則に近いとき，サポートベクトル比がおよそベイズ誤差の 2 倍に収束することに対応します．C-サポートベクトルマシン (5.8) では，正則化パラメータ λ をデータ数に応じて適切に定めれば，統計的一致性が成立します．このとき λ の選択に学習データの分布の知識は不要です．一方，ν-サポートベクトルマシンにおいて，データの分布に依存しない数列 $\nu = \nu_n$ を正則化パラメータとして用いると，統計的一致性を理論的に保証することは一般にできません．したがって，データに依存して ν を適切に定める必要があります．実用上は，交差確認法などを用います．このように，C-サポートベクトルマシンと ν-サポートベクトルマシンでは，統計的一致性について違いが生じます．

Chapter 6

ブースティング

> 単純な学習アルゴリズムを組み合わせる学習法である集団学習について説明します．また，その代表例としてブースティングを紹介し，予測精度の理論的な評価を与えます．

6.1 集団学習

多数の仮説を組み合わせて予測精度の高い仮説を構成する学習法を，**集団学習** (ensemble learning) とよびます．まず，一般的な集団学習のアルゴリズムを説明します．入力空間を $\mathcal{X}$，ラベル集合を $\{+1, -1\}$ とし，2 値判別器の集合からなる仮説集合を $\mathcal{H}$ とします．学習データ $S = \{(x_i, y_i) \mid i = 1, \ldots, n\} \subset \mathcal{X} \times \{+1, -1\}$ に基づいて判別器 $h \in \mathcal{H}$ を学習するアルゴリズムを $h = \mathcal{A}(S)$ と表します．すなわち，学習アルゴリズムをデータから仮説への関数とみなします．集団学習において，$\mathcal{A}$ を**弱学習アルゴリズム** (weak learner)，また $\mathcal{A}$ によって得られる判別器 h を**弱仮説** (weak hypothesis) とよびます．判別問題の場合，弱仮説を**弱判別器** (weak classifier) とよぶこともあります．

弱学習アルゴリズム $\mathcal{A}$ として，具体的には既存の簡単なアルゴリズムなどを用います．たとえば，入力空間を平面で 2 分割するような学習アルゴリズムが用いられます．集団学習の一般的な手順をアルゴリズム 6.1 に示します．

弱学習アルゴリズムに与えるデータ S_t や関数 g には任意性があります．

6.1 集団学習

アルゴリズム 6.1 集団学習のアルゴリズム

入力：学習データ S.
1. $t = 1, \ldots, T$ に対して次の (a), (b) を繰り返します.
    (a) S などからデータ S_t を生成.
    (b) 弱学習アルゴリズム $\mathcal{A}$ で弱仮説 $h_t = \mathcal{A}(S_t)$ を学習.
2. 関数 $g : \{+1, -1\}^T \to \{+1, -1\}$ を定めて, $h_1, \ldots, h_T$ を組み合わせた判別器 $g(h_1(x), \ldots, h_T(x))$ を構成.

予測：入力点 x のラベルを $g(h_1(x), \ldots, h_T(x)) \in \{+1, -1\}$ で予測.

さまざまな集団学習のアルゴリズムにおいて，これらは学習の目的などに応じて適切に定められます．また，より一般に弱判別器 $h = \text{sign}(f)$ に用いられる判別関数 f を組み合わせる方法なども考えることができます．集団学習の例としてブースティングやバギングなどがあります．

バギング (bagging) について簡単に紹介します．学習データ $S = \{(x_i, y_i) | i = 1, \ldots, n\}$ から n 個のデータを復元抽出します．こうして得られるデータを $S_t = \{(\widetilde{x}_i, \widetilde{y}_i) | i = 1, \ldots, n\}$ とします．復元抽出をしているので, $(\widetilde{x}_i, \widetilde{y}_i) \in S_t$ は S に含まれるデータのいずれかに一致します．また S_t のなかに同じデータが複数存在したり, S のデータで S_t には含まれないものもあり得ます．このようにして得られた S_t から，弱判別器 $h_t = \mathcal{A}(S_t)$ を学習します．バギングでは, これらの仮説 $h_1, \ldots, h_T$ の多数決によってラベルの予測を行います．これは, 判別器として $\text{sign}\left(\sum_{t=1}^T h_t(x)\right)$ を用いることと等価です．バギングを用いることで，データに過剰適合しにくい仮説を得ることができます．またアルゴリズムが簡単であり，さらに弱判別器 $h_1, \ldots, h_T$ の学習を並列化することが可能です．このため，計算の効率が高い学習法としてよく応用されています．元データ S から復元抽出した複数のデータセット $S_1, \ldots, S_T$ を用いる統計手法を，一般にブートストラップ法とよびます．バギングの名称は "bootstrap aggregate"，すなわちブートストラップ法による結果を組み合せることに由来しています．

一方，**ブースティング** (boosting) では重み付き学習データを用いて学習を行います．各データ (x_i, y_i) には，重要さの程度を表す非負の重み D_i が付随し，弱学習アルゴリズムは，このような重み付きデータを処理できるとします．たとえば，**重み付き経験判別誤差** (weighted empirical classification error)

$$\sum_{i=1}^{n} D_i \cdot \mathbf{1}[h(x_i) \neq y_i]$$

を最小化する学習法などが用いられます．通常，$h(x_i) \neq y_i$ のように誤って学習されたデータ (x_i, y_i) に大きな重みを割り当てます．ブースティングでは，これらの仮説 $h_1, \ldots, h_T$ の重み付き多数決によってラベルの予測を行います．精度の高い弱判別器に大きな係数を対応させます．データと弱判別器の重みを適切に定めることで，弱判別器の予測精度を向上させることができます．

6.2 アダブースト

最もよく応用されているブースティング・アルゴリズムの1つである**アダブースト** (adaboost) をアルゴリズム 6.2 に示します．ラウンド数 T については，判別器 $\mathrm{sign}\,(H(x))$ がデータに過剰適合しないように，検証用データを用いて適切に選びます．

アダブーストのなかの係数 α_t と重み $D_i^{(t)}$ について補足します．

- 係数 α_t：重み付き経験判別誤差 ε_t が小さいとき，係数 α_t が大きくなります．とくに $\varepsilon_t \leq 1/2$ のとき $\alpha_t \geq 0$ が成り立ちます．弱学習アルゴリズムで用いられる仮説集合が常に $h(x)$ と $-h(x)$ の両方を含むとき，$\varepsilon_t \leq 1/2$ となるように h_t を定めることが可能です．
- 重み $D^{(t)}$：弱判別器について $\varepsilon_t \leq 1/2$，すなわち $\alpha_t \geq 0$ を仮定します．弱判別器 h_t が (x_i, y_i) を誤答したとき $y_i h(x_i) = -1$ となるので，$D_i^{(t)}$ を $D_i^{(t)} e^{\alpha_t}$ に比例するように更新します．また h_t で (x_i, y_i) に正答したときは，$D_i^{(t)}$ を $D_i^{(t)} e^{-\alpha_t}$ に比例するように更新します．したがって，h_t で誤答したデータの重みは増え，正答したデータの重みは減ります．

6.2 アダブースト

アルゴリズム 6.2 アダブースト

入力：学習データ $\{(x_i, y_i) \mid i = 1, \ldots, n\}$.
初期化：各データ (x_i, y_i) に対する重みの初期値を $D_i^{(1)} = 1/n$ と設定.
1. $t = 1, \ldots, T$ に対して次の (a), (b), (c) を繰り返します.

   (a) 弱学習アルゴリズムを用いて，重み付き経験判別誤差
   $$\sum_{i=1}^n D_i^{(t)} \mathbf{1}[y_i \neq h_t(x_i)]$$
   を小さくする弱判別器 $h_t : \mathcal{X} \to \{+1, -1\}$ を学習.

   (b) h_t の重み付き経験判別誤差を ε_t として，h_t に対する重みを
   $$\alpha_t = \frac{1}{2} \log \frac{1 - \varepsilon_t}{\varepsilon_t}$$
   と設定.

   (c) 次のラウンドでの (x_i, y_i) の重みを
   $$D_i^{(t+1)} \propto D_i^{(t)} \exp\{-\alpha_t y_i h_t(x_i)\}$$
   と更新し，$\sum_{i=1}^n D_i^{(t+1)} = 1$ になるように規格化.

2. 学習結果として，判別関数 $H(x) = \sum_{t=1}^T \alpha_t h_t(x)$ を出力.

予測：入力点 x のラベルを $\mathrm{sign}\,(H(x))$ で予測.

重み $D_i^{(t+1)}$ の更新について

$$\sum_{j : y_j h_t(x_j) = -1} D_j^{(t)} e^{-\alpha_t y_j h_t(x_j)} = \sum_{j : y_j h_t(x_j) = +1} D_j^{(t)} e^{-\alpha_t y_j h_t(x_j)} = \sqrt{\varepsilon_t (1 - \varepsilon_t)}$$

が成り立ちます．実際，

$$\sum_{j : y_j h_t(x_j) = -1} D_j^{(t)} e^{-\alpha_t y_j h_t(x_j)} = e^{\alpha_t} \sum_{j : y_j h_t(x_j) = -1} D_j^{(t)}$$

$$= \sqrt{\frac{1-\varepsilon_t}{\varepsilon_t}} \cdot \varepsilon_t$$
$$= \sqrt{\varepsilon_t(1-\varepsilon_t)}$$

となり，$\sum_{j:y_j h_t(x_j)=+1} D_j^{(t)} e^{-\alpha_t y_j h_t(x_j)}$ についても同様です．この等式を用いると，重み $D_i^{(t+1)}, i=1,\ldots,n$ のもとで弱判別器 h_t の経験判別誤差は

$$\sum_i D_i^{(t+1)} \mathbf{1}[y_i \neq h_t(x_i)] = \frac{\sum_{i:y_i h_t(x_i)=-1} D_i^{(t)} e^{\alpha_t y_i h_t(x_i)}}{\sum_{j=1}^n D_j^{(t)} e^{-\alpha_t y_j h_t(x_j)}} = \frac{1}{2} \quad (6.1)$$

となります．t-ラウンド目で得られる弱判別器 h_t にとって最も不利な重み[*1]が，次のラウンドで学習データに割り当てられると考えられます．

弱判別器 h_t を出力する弱学習アルゴリズムとして，さまざまな学習法が使われます．たとえば決定木や決定株 (例 2.7) などがあります．決定株の仮説集合は比較的小さいため，重み付き経験判別誤差を最小にする仮説を効率的に求めることができます．

6.3 非線形最適化とブースティング

6.3.1 座標降下法によるブースティングの導出

本節では，アダブーストと非線形最適化の関連について考えます．

マージン損失として指数損失 $\phi(m) = e^{-m}$ を用いる学習を考えます．弱学習アルゴリズムの仮説集合を $\mathcal{H} = \{h_1, \ldots, h_M\}$ とします．各仮説 h_ℓ は $\mathcal{X}$ から $\{+1, -1\}$ への関数です．判別関数として $\mathcal{H}$ の要素の線形和

$$f(x) = \sum_{k=1}^M \gamma_k h_k(x)$$

を考えます．指数損失から定義される経験マージン損失を

$$\widehat{R}_{\exp}(f) = \frac{1}{n}\sum_{i=1}^n e^{-y_i f(x_i)} = \frac{1}{n}\sum_{i=1}^n \exp\left\{-\sum_{k=1}^M \gamma_k y_i h_k(x_i)\right\}$$

[*1] 重み付き経験判別誤差が $1/2$ のときはラベルをランダムに答えることと等価になるため，最も情報のない仮説となります．一方，$1/2$ より大きいときは，符号を反転すれば誤差は $1/2$ より小さくなるため，分布の情報をある程度捉えているといえます．

と表します．上式を，係数 $\boldsymbol{\gamma} = (\gamma_1, \ldots, \gamma_M)$ の関数として $\widehat{R}_{\exp}(\boldsymbol{\gamma})$ と表します．

座標降下法 (coordinate descent method) は，勾配が最も小さい座標方向にパラメータを更新する最適化法です．ベクトル $\boldsymbol{e}_\ell \in \mathbb{R}^M$ を，ℓ 番目の要素が 1 で他が 0 の単位ベクトルとします．経験マージン損失 $\widehat{R}_{\exp}(\boldsymbol{\gamma})$ に対する座標降下法の計算手順を，アルゴリズム 6.3 に示します．

アルゴリズム 6.3 $\widehat{R}_{\exp}(\boldsymbol{\gamma})$ に対する座標降下法

初期化： $\boldsymbol{\gamma} = \boldsymbol{0} \in \mathbb{R}^M$ と設定．
1. 以下の (a) (b) (c) を T 回繰り返します．

(a) 点 $\boldsymbol{\gamma}$ における勾配が最も小さい座標軸の方向を選択：
$$\ell^* = \operatorname*{argmin}_{\ell=1,\ldots,M} \frac{\partial \widehat{R}_{\exp}}{\partial \gamma_\ell}(\boldsymbol{\gamma}) \tag{6.2}$$

(b) (a) で選択した方向に直線探索：
$$\eta^* = \operatorname*{argmin}_{\eta \in \mathbb{R}} \widehat{R}_{\exp}(\boldsymbol{\gamma} + \eta \boldsymbol{e}_{\ell^*}) \tag{6.3}$$

(c) パラメータの更新：
$$\boldsymbol{\gamma} \longleftarrow \boldsymbol{\gamma} + \eta^* \boldsymbol{e}_{\ell^*} \tag{6.4}$$

2. 学習結果として，判別関数 $f(x) = \sum_{k=1}^{M} \gamma_k h_k(x)$ を出力．

この座標降下法がアダブーストと等価であることを示します．パラメータ $\boldsymbol{\gamma}$ から定まる重み $w_i(\boldsymbol{\gamma})$ を

$$w_i(\boldsymbol{\gamma}) = \exp\left\{-\sum_{k=1}^{M} \gamma_k y_i h_k(x_i)\right\}$$

とし，重み $w_i(\boldsymbol{\gamma})$ を規格化して得られる分布を

$$D_i(\boldsymbol{\gamma}) = \frac{w_i(\boldsymbol{\gamma})}{\sum_{j=1}^n w_j(\boldsymbol{\gamma})}, \qquad i=1,\ldots,n$$

とします．重みの初期値が $\boldsymbol{\gamma} = \mathbf{0}$ なので，初期分布はアダブーストと同じ $D_i(\mathbf{0}) = 1/n$ となります．降下方向の探索 (6.2) の計算は

$$\begin{aligned}\frac{\partial \widehat{R}_{\exp}}{\partial \gamma_\ell}(\boldsymbol{\gamma}) &= \frac{1}{n}\sum_{i=1}^n w_i(\boldsymbol{\gamma})(-y_i h_\ell(x_i)) \\ &= \frac{1}{n}\sum_{i=1}^n w_i(\boldsymbol{\gamma})\{2\cdot \mathbf{1}[y_i \neq h_\ell(x_i)] - 1\}\end{aligned}$$

となります．したがって降下方向の探索は

$$\min_{h\in\mathcal{H}} \sum_{i=1}^n D_i(\boldsymbol{\gamma})\mathbf{1}[y_i \neq h(x_i)]$$

を解くことと等価です．これは，アダブーストにおける重み付き経験判別誤差の最小化に対応します．この最適値を ε^* とします．経験マージン損失の微分は

$$\begin{aligned}\frac{\partial \widehat{R}_{\exp}}{\partial \eta}(\boldsymbol{\gamma}+\eta e_{\ell^*}) &= \frac{1}{n}\sum_{i=1}^n w_i(\boldsymbol{\gamma}) e^{-\eta y_i h_{\ell^*}(x_i)}(-y_i h_{\ell^*}(x_i)) \\ &= -\frac{1}{n}\sum_{i:y_i=h_{\ell^*}(x_i)} w_i(\boldsymbol{\gamma})e^{-\eta} + \frac{1}{n}\sum_{i:y_i\neq h_{\ell^*}(x_i)} w_i(\boldsymbol{\gamma})e^{\eta} \\ &\propto -(1-\varepsilon^*)e^{-\eta} + \varepsilon^* e^{\eta} \qquad (\eta \text{ の関数として比例})\end{aligned}$$

となります．したがって，直線探索 (6.3) の極値条件は

$$-(1-\varepsilon^*)e^{-\eta} + \varepsilon^* e^{\eta} = 0$$

となり，これを解いて

$$\eta^* = \frac{1}{2}\log\frac{1-\varepsilon^*}{\varepsilon^*}$$

が得られます．パラメータの更新 (6.4) に伴って，重み $w_i(\boldsymbol{\gamma})$ は乗法的に更新されます．

以上より，分布 $D_i(\boldsymbol{\gamma})$ がアダブーストの分布 $D_i^{(t)}$ に一致するとき，弱仮説 h_{ℓ^*} と係数 η^* は，それぞれアダブーストの弱仮説 h_t と係数 α_t に一致します．また重みの更新則も同じです．したがって，アダブーストは指数損失に対する座標降下法に一致することが分かります．また，アダブーストにおける弱判別器 h_t と重み $D^{(t+1)}$ の関係 (6.1) は，直線探索における η^* の極値条件と等価です．

指数損失以外の凸マージン損失 $\phi(m)$ について，同様のアルゴリズムを構築することができます．損失 $\phi(m)$ は単調非増加で微分可能とします．このとき，パラメータ $\boldsymbol{\gamma}$ に対応する重み $w_i(\boldsymbol{\gamma})$, $i=1,\ldots,n$ は

$$w_i(\boldsymbol{\gamma}) = -\phi'\left(y_i \sum_{k=1}^{M} \gamma_k h_k(x_i)\right) \geq 0$$

となります．この重みのもとで重み付き経験判別誤差を最小化することで，探索方向 ℓ^* が得られます．直線探索では 1 次元最適化問題

$$\min_{\eta \in \mathbb{R}} \frac{1}{n} \sum_{i=1}^{n} \phi\left(y_i \sum_{k=1}^{M} \gamma_k h_k(x_i) + \eta y_i h_{\ell^*}(x_i)\right)$$

を解きます．指数損失以外では，一般に重みや係数を陽に表すことができないので，数値的に解を求める必要があります．直線探索のような 1 次元最適化問題では，効率的に解を求めることができるため，指数損失以外の損失関数もよく用いられます．たとえば，ロジスティック損失 (logistic loss)

$$\phi(m) = \log(1 + e^{-m})$$

を用いるブースティング・アルゴリズムはロジットブーストとよばれ，実データの解析に応用されています．

6.3.2 重み付きデータによる学習と一般化線形モデル

ブースティングでは，重み付きデータによる学習を繰り返します．これと類似の方法として，**一般化線形モデル** (generalized linear models) のパラメータ推定に，重み付き最小 2 乗法を用いる方法が提案されています．本節では，重み付きデータを用いるこれらの方法を，最適化アルゴリズムの観点から比較します．

学習データ $(x_1, y_1), \ldots, (x_n, y_n) \in \mathcal{X} \times \mathcal{Y}$ が観測されたとします．本節では，出力が 2 値ラベル $\{+1, -1\}$ をとる判別問題，または実数値 $\mathbb{R}$ をとる回帰問題を考えます．一般化線形モデルでは，データ y_i の確率密度関数に対して，指数型分布族とよばれる以下の統計モデル

$$p(y_i; \theta_i) = \exp\{y_i \theta_i - \psi(\theta_i) + c(y_i)\} \tag{6.5}$$

を仮定します[*2]．ここで $\theta_i \in \mathbb{R}$ は分布を指定するパラメータです．この分布のもとで，期待値と分散はそれぞれ $\psi'(\theta_i)$, $\psi''(\theta_i)$ となります．出力 y_i は，リンク関数とよばれる関数 $g: \mathbb{R} \to \mathbb{R}$ を介して線形モデル $\beta^T h(x_i)$ と

$$\mathbb{E}[y_i] = \psi'(\theta_i) = g(\beta^T h(x_i))$$

のように関係付けられています．ここで $h(x) = (h_1(x), \ldots, h_M(x))$ は基底関数を並べたベクトルとし，それぞれの関数 h_k は $\mathcal{X}$ 上の実数値関数とします．期待値を $\mu_i = \mathbb{E}[y_i]$ とすると，y_i の分散は μ_i の関数として $V(\mu_i) = \psi''((\psi')^{-1}(\mu_i))$ と表せます．

一般化線形モデルは，多くの統計モデルを含んでいます．回帰問題における通常の線形モデルは，$\psi(\theta) = \theta^2/2$, $g(\theta) = \theta$ に対応します．このとき，y_i の分布は期待値 $\beta^T x_i$，分散 1 の正規分布にしたがいます．また y_i が 2 値ラベル ± 1 をとるとき，$\psi(\theta) = \log(e^\theta + e^{-\theta})$, $g(\theta) = \theta$ とすると，ロジスティックモデル

$$p(y_i|x_i, \beta) = \frac{1}{1 + \exp\{-2y_i \beta^T h(x_i)\}}$$

が得られます．

一般化線形モデルのパラメータ β を推定するために，負の対数尤度関数

$$L(\beta) = -\sum_{i=1}^n \log p(y_i; \theta_i) = \sum_{i=1}^n (\psi(\theta_i) - y_i \theta_i - c(y_i))$$

を最小化することを考えます．ここでパラメータ β と θ_i は

$$\psi'(\theta_i) = g(\eta_i), \quad \eta_i = \beta^T h(x_i), \quad i = 1, \ldots, n$$

[*2] より一般には $p(y_i; \theta_i, \phi) = \exp\{(y_i \theta_i - \psi(\theta))/\phi + c(y_i, \phi)\}$ としますが，ここでは簡単のため $\phi = 1$ としています．

という関係式で結ばれています．最適化法として**ニュートン法** (Newton's method) を用いることを考えます．ニュートン法ではパラメータを

$$\beta \longleftarrow \beta - \left(\frac{\partial^2 L}{\partial \beta \partial \beta}(\beta)\right)^{-1} \frac{\partial L}{\partial \beta}(\beta)$$

と更新します．ここで勾配は

$$\frac{\partial L}{\partial \beta}(\beta) = -\sum_{i=1}^n (y_i - \mu_i) \frac{g'(\eta_i)}{V(\mu_i)} h(x_i)$$

となります．関数 $L(\beta)$ のヘシアン行列は複雑なので，代わりに $y_1, \ldots, y_n$ に関する期待値をとった行列

$$\mathbb{E}\left[\frac{\partial^2 L}{\partial \beta \partial \beta}\right] = \sum_{i=1}^n \frac{(g'(\eta_i))^2}{V(\mu_i)} h(x_i) h(x_i)^T$$

を用います．ヘシアン行列を他の正定値対称行列に置き換えるので，**修正ニュートン法** (modified Newton method) を適用することに対応します．このときパラメータの更新規則は

$$\beta \leftarrow \beta + \delta \beta,$$
$$\delta \beta = \left\{\sum_{i=1}^n \frac{(g'(\eta_i))^2}{V(\mu_i)} h(x_i) h(x_i)^T\right\}^{-1} \left\{\sum_{i=1}^n \frac{y_i - \mu_i}{g'(\eta_i)} \frac{(g'(\eta_i))^2}{V(\mu_i)} h(x_i)\right\}$$

となります．ここで，更新ベクトル $\delta \beta$ は重み付き最小 2 乗法の解と解釈できます．実際，データと重みをそれぞれ

$$\text{データ}: (\widetilde{x}_i, \widetilde{y}_i) = \left(h(x_i), \frac{y_i - \mu_i}{g'(\eta_i)}\right), \quad \text{重み}: w_i = \frac{(g'(\eta_i))^2}{V(\mu_i)}$$

とすると，$\delta \beta$ は

$$\min_b \sum_{i=1}^n w_i (\widetilde{y}_i - b^T \widetilde{x}_i)^2$$

の最適解に一致します．このため，一般化線形モデルのパラメータを推定する方法は**反復再重み付け最小 2 乗法** (iteratively reweighted least squares method, IRLS method) とよばれます．

ブースティングでは，座標降下法によるパラメータの更新則が，重み付き

経験判別誤差の最小化に対応します．一方，一般化線形モデルの対数尤度に対する修正ニュートン法は，重み付き最小2乗法を繰り返し解くことに対応します．重み付きデータに既存の学習法を繰り返し適用するというアプローチは，アルゴリズムが簡単になるため，学習アルゴリズムの標準的な構成法となっています．ブースティングでは座標降下法を用いているので，基底関数に対応する仮説集合 $\mathcal{H}$ が有限集合でない場合にも適用可能です．この点は，一般化線形モデルに対する修正ニュートン法とは異なる特徴です．

6.4 アダブーストの誤差評価

アダブーストで得られる判別関数 $H(x)$ の経験判別誤差と予測判別誤差を評価します．

6.4.1 経験判別誤差

次の定理は，経験判別誤差の上界がラウンド数 T について指数的に減少することを示しています．

定理 6.1 判別関数 $H(x)$ の経験判別誤差 $\widehat{R}_{\mathrm{err}}(H)$ について

$$\widehat{R}_{\mathrm{err}}(H) = \frac{1}{n}\sum_{i=1}^{n} \mathbf{1}[y_i \neq \mathrm{sign}\,(H(x_i))] \leq \exp\left\{-2\sum_{t=1}^{T}\left(\frac{1}{2}-\varepsilon_t\right)^2\right\}$$

が成立します．さらに任意の $t=1,\ldots,T$ で $0 \leq \gamma \leq \frac{1}{2} - \varepsilon_t$ なら

$$\widehat{R}_{\mathrm{err}}(H) \leq e^{-2\gamma^2 T}$$

となります．

証明． 6.2 節で示したように，重み $D_i^{(t)}$ について

$$\sum_{i=1}^{n} D_i^{(t)} e^{-y_i \alpha_t h_t(x_i)} = 2\sqrt{\varepsilon_t(1-\varepsilon_t)}$$

が成り立ちます．ここで $Z_t = 2\sqrt{\varepsilon_t(1-\varepsilon_t)}$ とおくと，

$$D_i^{(t+1)} = D_i^{(t)} \frac{e^{-\alpha_t y_i h_t(x_i)}}{Z_t}$$

$$
\begin{aligned}
&= D_i^{(t-1)} \frac{e^{-\alpha_{t-1} y_i h_{t-1}(x_i)}}{Z_{t-1}} \frac{e^{-\alpha_t y_i h_t(x_i)}}{Z_t} \\
&= D_i^{(1)} \frac{e^{-y_i H(x_i)}}{\prod_{t=1}^T Z_t} \\
&= \frac{e^{-y_i H(x_i)}}{n \prod_{t=1}^T Z_t}
\end{aligned}
\tag{6.6}
$$

となります．任意の $a \in \mathbb{R}$ と $y = \pm 1$ に対して不等式

$$\mathbf{1}[y \neq \mathrm{sign}\,(a)] \leq e^{-ya}$$

が成り立つので，(6.6) を用いると

$$
\begin{aligned}
\widehat{R}_{\mathrm{err}}(H) &= \frac{1}{n} \sum_{i=1}^n \mathbf{1}[y_i \neq \mathrm{sign}\,(H(x_i))] \\
&\leq \frac{1}{n} \sum_{i=1}^n e^{-y_i H(x_i)} \\
&= \frac{1}{n} \sum_{i=1}^n n D_i^{(t+1)} \prod_{t=1}^T Z_t \\
&= \prod_{t=1}^T Z_t = \prod_{t=1}^T \left(2\sqrt{\varepsilon_t(1-\varepsilon_t)}\right) = \prod_{t=1}^T \sqrt{1 - 4(1/2 - \varepsilon_t)^2}
\end{aligned}
$$

となります．ここで $z \in \mathbb{R}$ に対して $1 - z \leq e^{-z}$ となることを用いると

$$\widehat{R}_{\mathrm{err}}(H) \leq \prod_{t=1}^T e^{-2(1/2-\varepsilon_t)^2} = e^{-2\sum_{t=1}^T (1/2-\varepsilon_t)^2}$$

が成り立ちます．不等式 $\gamma^2 \leq (1/2-\varepsilon_t)^2$ が $t = 1,\ldots,T$ に対して成り立つとき，上式はさらに $e^{-2\gamma^2 T}$ でバウンドされます． □

定理 6.1 より，弱判別器の重み付き経験判別誤差 ε_t が $1/2$ より一定量 γ だけ小さいとき，判別器 $H(x)$ の経験判別誤差はラウンド数 T に対して指数的に減少します．

6.4.2 予測判別誤差

アダブーストで得られる判別関数 $H(x)$ の予測判別誤差 $R_{\mathrm{err}}(H)$ を，一様大数の法則 (定理 2.7) を用いて評価します．ここで，5.4.1 節において ν-サポートベクトルマシンの誤差評価に用いた経験マージン判別誤差 $\widehat{R}_{\mathrm{err},\rho}(H)$ とマージン損失 $\Phi_\rho(m)$ の関係を利用します．

ブースティングでは，判別関数 $H(x)$ は仮説集合 $\mathcal{G}$ の線形和で与えられます．以下では常に $\varepsilon_t \leq 1/2$ が成立し，線形和の係数 α_t は非負と仮定します．任意の $h \in \mathcal{G}$ に対して $-h \in \mathcal{G}$ となる仮説集合を用いれば，この仮定が満たされます．たとえば，線形判別モデルや決定株 (2.2) など多くの弱学習アルゴリズムで満たされる条件です．係数 α_t の非負性が仮定されているとき，

$$\|\alpha\|_1 = \sum_t |\alpha_t| = \sum_t \alpha_t$$

となります．

判別関数 $H(x) = \sum_t \alpha_t h_t(x)$ と $H(x)/\|\alpha\|_1$ の予測判別誤差は同じです．また $H(x)/\|\alpha\|_1$ は $\mathcal{G}$ の凸包 $\mathrm{conv}(\mathcal{G})$ に含まれます．そこで $H(x)$ の予測判別誤差を評価するために，集合 $\mathrm{conv}(\mathcal{G})$ の複雑度を計算します．定理 2.6 の 3 より，$\mathcal{G}$ と $\mathrm{conv}(\mathcal{G})$ のラデマッハ複雑度は等しくなります．集合 $\mathrm{conv}(\mathcal{G})$ に定理 2.7 と定理 2.6 の 4 を用いると，次の結果が得られます．

定理 6.2 学習データの分布のもとで $1-\delta$ 以上の確率で，任意の $g \in \mathrm{conv}(\mathcal{G})$ に対して一様に

$$R_{\Phi,\rho}(g) \leq \widehat{R}_{\Phi,\rho}(g) + \frac{2}{\rho}\mathfrak{R}_n(\mathcal{G}) + 2\sqrt{\frac{\log(1/\delta)}{2n}}$$

が成り立ちます．

右辺第 3 項の係数 2 は，$\mathcal{G}$ と $\mathrm{conv}(\mathcal{G})$ の要素が，$\mathcal{X}$ から $[-1,1]$ への関数であることに由来します．

アダブーストから得られる判別器 $H(x) = \sum_{t=1}^T \alpha_t h_t(x)$ の予測判別誤差については，確率 $1 - \delta$ 以上で次式が成り立ちます．

$$\begin{aligned} R_{\mathrm{err}}(H) &= R_{\mathrm{err}}(H/\|\alpha\|_1) \\ &\leq R_{\Phi,\rho}(H/\|\alpha\|_1) \end{aligned}$$

$$\leq \widehat{R}_{\Phi,\rho}(H/\|\alpha\|_1) + \frac{2}{\rho}\mathfrak{R}_n(\mathcal{G}) + 2\sqrt{\frac{\log(1/\delta)}{2n}}$$
$$\leq \widehat{R}_{\mathrm{err},\rho\|\alpha\|_1}(H) + \frac{2}{\rho}\mathfrak{R}_n(\mathcal{G}) + 2\sqrt{\frac{\log(1/\delta)}{2n}}. \quad (6.7)$$

なお $\|\alpha\|_1 = 0$ のときは，自明に成立する評価式 $R_{\mathrm{err}}(0) \leq 1$ に置き換えます．

ブースティングで得られる判別関数 $H(x)$ は，弱学習アルゴリズムで用いられる仮説集合 $\mathcal{G}$ の線形和として構成されます．しかし判別器 H の予測判別誤差に関する上界 (6.7) の第2, 3項はラウンド数 T に依存しません．アダブーストは，ラウンド数 T が大きくても学習データへの過剰適合を起こしにくいことが，数値例や実データの解析で報告されています．式 (6.7) はこのような傾向を理論的に説明していると考えられます．

ブースティングの各ラウンド t ごとに，異なる仮説集合 $\mathcal{G}_t$ を用いる方法も提案されています．このとき判別器 $H(x)$ は，仮説集合 $\cup_t \mathcal{G}_t$ の凸包に含まれます．そのラデマッハ複雑度は，定理2.6の4と同様にして，$\mathfrak{R}_n(\cup_t \mathcal{G}_t)$ で与えられます．このため，各ラウンドで異なる仮説集合を用いる方法は，推定誤差の観点からは好ましくありません．しかし，同一の仮説集合を使う場合より近似誤差を小さくすることができると考えられています．

アダブーストにおける経験マージン判別誤差 $\widehat{R}_{\mathrm{err},\rho\|\alpha\|_1}(H)$ を評価することで，判別器の性質をさらに探ることができます．

定理 6.3 アダブーストによって得られる判別器 $H(x) = \sum_{t=1}^{T}\alpha_t h_t(x)$ の経験マージン判別誤差 $\widehat{R}_{\mathrm{err},\rho\|\alpha\|_1}(H)$ について，以下が成立します．

$$\widehat{R}_{\mathrm{err},\rho\|\alpha\|_1}(H) \leq 2^T \prod_{t=1}^{T}\sqrt{\varepsilon_t^{1-\rho}(1-\varepsilon_t)^{1+\rho}}.$$

また $t = 1, \ldots, T$ で $0 < \rho < \gamma \leq \frac{1}{2} - \varepsilon_t$ のとき，

$$\widehat{R}_{\mathrm{err},\rho\|\alpha\|_1}(H) \leq \left\{(1-2\gamma)^{1-\rho}(1+2\gamma)^{1+\rho}\right\}^{T/2}$$

となります．括弧 $\{\cdots\}$ のなかは，$0 < \rho \leq \gamma$ のとき1より小さな値になります．

証明． 式 (6.6) より以下の不等式が得られます．

$$\widehat{R}_{\mathrm{err},\rho\|\alpha\|_1}(H) = \frac{1}{n}\sum_{i=1}^{n} \mathbf{1}[y_i H(x_i) < \rho\|\alpha\|_1]$$

$$\leq \frac{1}{n}\sum_{i=1}^{n} \exp\{-y_i H(x_i) + \rho\sum_t \alpha_t\}$$

$$= \frac{e^{\rho\sum_t \alpha_t}}{n}\sum_{i=1}^{n}\left(nD_i^{(T+1)}\prod_{t=1}^{T}Z_t\right)$$

$$= 2^T\prod_{t=1}^{T}e^{\rho\alpha_t}\sqrt{\varepsilon_t(1-\varepsilon_t)} = 2^T\prod_{t=1}^{T}\sqrt{\varepsilon_t^{1-\rho}(1-\varepsilon_t)^{1+\rho}}.$$

後半を示します.関数 $f(\varepsilon) = 4\varepsilon^{1-\rho}(1-\varepsilon)^{1+\rho}$ を微分すると,$0 < \varepsilon < 1/2 - \rho/2$ で単調増加であることが分かります.したがって $\varepsilon \leq 1/2 - \gamma < 1/2 - \rho < 1/2 - \rho/2$ のとき $f(\varepsilon) \leq f(1/2 - \gamma)$ となるので

$$4\varepsilon^{1-\rho}(1-\varepsilon)^{1+\rho} \leq (1-2\gamma)^{1-\rho}(1+2\gamma)^{1+\rho}$$

が成り立ちます.また $(1-2\gamma)^{1-\rho}(1+2\gamma)^{1+\rho}$ は ρ について単調増加なので,$0 < \rho < \gamma < 1/2$ のとき

$$(1-2\gamma)^{1-\rho}(1+2\gamma)^{1+\rho} < (1-2\gamma)^{1-\gamma}(1+2\gamma)^{1+\gamma}$$

となります.対数をとった関数 $g(\gamma) = \log((1-2\gamma)^{1-\gamma}(1+2\gamma)^{1+\gamma})$ を考えると,$g(0) = 0, g'(0) = 0$ であり,また $0 < \gamma < 1/2$ で $g''(\gamma) < 0$ となるので,$g(\gamma) < 0$ が得られます.これらの結果,$0 < \rho < \gamma < 1/2$ に対して $(1-2\gamma)^{1-\rho}(1+2\gamma)^{1+\rho} < 1$ となります. □

弱判別器の精度が $t = 1,\ldots,T$ で $\varepsilon_t \leq 1/2 - \gamma$ を満たすとします.アダブーストで得られる判別器 $H(x)$ について,$y_i H(x_i)/\|\alpha\|_1 < \rho$ となる学習データの割合は,$\rho < \gamma$ のときラウンド数 T に対して指数的に減少します.

例 6.1 弱学習アルゴリズムとして決定株 (2.2) を用いるとき,アダブーストの予測判別誤差を評価します.決定株のラデマッハ複雑度は (2.3) によって上から抑えられます.T 回目のラウンドで得られる判別関数を $H_T(x)$ とし,学習の過程で得られる弱判別器の重み付き経験判別誤差 ε_t は,$\varepsilon_t \leq 1/2 - \gamma$ を満たすとします.このとき,$0 < \rho < \gamma < 1/2$ を満たす ρ に対して,学習

データの分布のもとで $1-\delta$ 以上の確率で

$$R_{\mathrm{err}}(H_T) \leq \left\{(1-2\gamma)^{(1-\rho)/2}(1+2\gamma)^{(1+\rho)/2}\right\}^T \\ + \frac{2}{\rho}\sqrt{\frac{2}{n}\log(2(n+1)d)} + 2\sqrt{\frac{\log(1/\delta)}{2n}}$$

が成り立ちます．マージン ρ が小さいほど，第1項は小さく，第2項は大きくなります． □

Chapter 7

多値判別

多値ラベルをもつ判別問題について考えます.まず多値版の判別適合的損失を定義し,その性質を調べます.また,多値判別のための学習アルゴリズムの統計的一致性を証明します.

7.1 判別関数と判別器

多値判別問題では,入力空間 $\mathcal{X}$ の要素を有限集合 $\mathcal{Y} = \{1, \ldots, L\}$ の要素に割り当てる判別器 $h : \mathcal{X} \to \mathcal{Y}$ を学習します.画像データから数字や文字を読み取るタスク,またテキストデータのタグ付けなどは多値判別として定式化されます.2値判別と同じように議論できる場合もありますが,多値判別特有の難しさもあります.本章では,多値判別のための標準的な損失関数や統計モデルを紹介し,予測判別誤差に関する理論的な解析手法などについて解説します.

多値判別では,まず判別関数 $f : \mathcal{X} \times \mathcal{Y} \to \mathbb{R}$ を学習し,次に判別器 $h_f : \mathcal{X} \to \mathcal{Y}$ を

$$h_f(x) = \operatorname*{argmax}_{y \in \mathcal{Y}} f(x, y)$$

のように構成します.最大値を達成するラベルが複数あるときには,そのなかから適当にラベルを1つ選択します.2値判別では,判別関数 $f(x)$ とラベル $y \in \{+1, -1\}$ に対して,$f(x, y)$ を $yf(x)$ とすることに対応します.判別関数に対する予測判別誤差を

$$R_{\mathrm{err}}(f) = \mathbb{E}[\mathbf{1}[Y \neq h_f(X)]]$$

とします．同様に学習データに対する経験判別誤差を $\widehat{R}_{\mathrm{err}}(f)$ と表します．ベイズ誤差 R^*_{err} は，(1.2) に示すように

$$R^*_{\mathrm{err}} = \inf_{f:\text{可測}} R_{\mathrm{err}}(f) = \mathbb{E}_X\left[1 - \max_{y \in \mathcal{Y}} \Pr(Y = y|X)\right]$$

で与えられます．

7.2 ラデマッハ複雑度と予測判別誤差の評価

予測判別誤差に対する一様バウンドを導出します．以下では，2 値判別におけるマージンを多値判別のマージンで置き換えた損失を用いて誤差の評価を行います．

判別関数と判別器に関して，不等式

$$\mathbf{1}[f(x,y) - \max_{y' \neq y} f(x,y') < 0] \leq \mathbf{1}[y \neq h_f(x)]$$
$$\leq \mathbf{1}[f(x,y) - \max_{y' \neq y} f(x,y') \leq 0]$$

が成り立ちます．判別関数の最大値がただ 1 つのラベルで達成されるとき，上の不等号はすべて等号になります．そこで**多値マージン** (multiclass margin) $\mathrm{mrg}(f;x,y)$ を

$$\mathrm{mrg}(f;x,y) = f(x,y) - \max_{y' \neq y} f(x,y')$$

と定義し，学習データ $\{(x_i,y_i) \mid i=1,\ldots,n\}$ に対して**経験多値マージン判別誤差**を

$$\widehat{R}_{\mathrm{mrg},\rho}(f) = \frac{1}{n}\sum_{i=1}^{n} \mathbf{1}[\mathrm{mrg}(f;x_i,y_i) < \rho].$$

とします．また，5.4.3 節のマージン損失 $\Phi_\rho(m)$ に対応する予測マージン損失を

$$R_{\Phi,\rho}(f) = \mathbb{E}[\Phi_\rho(\mathrm{mrg}(f;X,Y))]$$

と表し，**予測 Φ_ρ-多値マージン損失**とよびます．対応する**経験 Φ_ρ-多値マー**

ジン損失を

$$\widehat{R}_{\Phi,\rho}(f) = \frac{1}{n}\sum_{i=1}^{n} \Phi_\rho(\mathrm{mrg}(f;x_i,y_i))$$

とおきます．定義から，$\rho > 0$ に対して

$$\widehat{R}_{\mathrm{mrg},0}(f) \leq \widehat{R}_{\mathrm{err}}(f) \leq \widehat{R}_{\Phi,\rho}(f) \leq \widehat{R}_{\mathrm{mrg},\rho}(f),$$
$$R_{\mathrm{err}}(f) \leq R_{\Phi,\rho}(f)$$

が成り立ちます．

判別関数に対する統計モデルを $\mathcal{F} \subset \{f : \mathcal{X} \times \mathcal{Y} \to \mathbb{R}\}$ とします．以下では，$f \in \mathcal{F}$ と $\mathcal{Y}$ 上の置換 π に対して $f_\pi(x,y) = f(x,\pi(y))$ となる $f_\pi \in \mathcal{F}$ が存在すると仮定します．この条件は，通常の統計モデルで満たされます．関数集合 $\widetilde{\mathcal{F}}$ と $\Phi_\rho \circ \widetilde{\mathcal{F}}$ を

$$\widetilde{\mathcal{F}} = \{(x,y) \mapsto \mathrm{mrg}(f;x,y) \mid f \in \mathcal{F}\}$$
$$\Phi_\rho \circ \widetilde{\mathcal{F}} = \{(x,y) \mapsto \Phi_\rho(\mathrm{mrg}(f;x,y)) \mid f \in \mathcal{F}\}$$

と定義します．また $\mathcal{F}$ に対して，関数集合 $\Pi\mathcal{F}$ を

$$\Pi\mathcal{F} = \{x \mapsto f(x,y') \mid f \in \mathcal{F},\, y' \in \mathcal{Y}\}$$

と定義します．

補題 7.1 $\mathcal{F}$ から定義される関数集合 $\widetilde{\mathcal{F}}$, $\Pi\mathcal{F}$ の経験ラデマッハ複雑度について，次の不等式が成り立ちます．

$$\widehat{\mathfrak{R}}_S(\widetilde{\mathcal{F}}) \leq |\mathcal{Y}|^2 \cdot \widehat{\mathfrak{R}}_S(\Pi\mathcal{F}).$$

ラデマッハ複雑度についても同様の不等式が成り立ちます．

証明． 関数集合 $\mathcal{F}_y, \widetilde{\mathcal{F}}_y$ を

$$\mathcal{F}_y = \{x \mapsto f(x,y) \mid f \in \mathcal{F}\},$$
$$\widetilde{\mathcal{F}}_y = \{x \mapsto \mathrm{mrg}(f;x,y) \mid f \in \mathcal{F}\}$$

とします．定理 2.6 の 6, 7 と $\mathcal{F}_y \subset \Pi\mathcal{F}$ より，次式を得ます．

$$\widehat{\mathfrak{R}}_S(\widetilde{\mathcal{F}}) \leq \sum_{y \in \mathcal{Y}} \widehat{\mathfrak{R}}_S(\widetilde{\mathcal{F}}_y)$$

$$= \frac{1}{n} \sum_{y \in \mathcal{Y}} \mathbb{E}_\sigma \left[\sup_{f \in \mathcal{F}} \sum_{i=1}^n \sigma_i \left(f(x_i, y) - \max_{y' \neq y} f(x_i, y') \right) \right]$$

$$\leq \sum_{y \in \mathcal{Y}} \widehat{\mathfrak{R}}_S(\mathcal{F}_y) + \frac{1}{n} \sum_{y \in \mathcal{Y}} \mathbb{E}_\sigma \left[\sup_{f \in \mathcal{F}} \sum_{i=1}^n \sigma_i \max_{y' \neq y} f(x_i, y') \right]$$

$$\leq \sum_{y \in \mathcal{Y}} \widehat{\mathfrak{R}}_S(\Pi \mathcal{F}) + \sum_{y \in \mathcal{Y}} (|\mathcal{Y}| - 1) \widehat{\mathfrak{R}}_S(\Pi \mathcal{F}) = |\mathcal{Y}|^2 \widehat{\mathfrak{R}}_S(\Pi \mathcal{F}).$$

□

予測 Φ_ρ-多値マージン損失と経験 Φ_ρ-多値マージン損失の関連を調べます．定理 2.7 から，学習データの分布のもとで $1-\delta$ 以上の確率で，任意の $f \in \mathcal{F}$ に対して一様に

$$R_{\Phi,\rho}(f) \leq \widehat{R}_{\Phi,\rho}(f) + 2\mathfrak{R}_n(\Phi_\rho \circ \widetilde{\mathcal{F}}) + \sqrt{\frac{\log(1/\delta)}{2n}} \tag{7.1}$$

が成り立ちます．したがって，学習データの分布のもとで $1-\delta$ 以上の確率で任意の $f \in \mathcal{F}$ に対して

$$R_{\mathrm{err}}(f) \leq \widehat{R}_{\mathrm{mrg},\rho}(f) + 2\mathfrak{R}_n(\Phi_\rho \circ \widetilde{\mathcal{F}}) + \sqrt{\frac{\log(1/\delta)}{2n}}$$

となります．また，Φ_ρ のリプシッツ連続性と補題 7.1 を使うと，

$$\mathfrak{R}_n(\Phi_\rho \circ \widetilde{\mathcal{F}}) \leq \frac{1}{\rho} \mathfrak{R}_n(\widetilde{\mathcal{F}}) \leq \frac{|\mathcal{Y}|^2}{\rho} \mathfrak{R}_n(\Pi \mathcal{F})$$

となります．以上より次の結果が得られます．

定理 7.2 判別関数の統計モデルを $\mathcal{F}$ とし，ρ を任意の正数とします．学習データの分布について $1-\delta$ 以上の確率で，任意の $f \in \mathcal{F}$ に対して一様に

$$R_{\mathrm{err}}(f) \leq \widehat{R}_{\mathrm{mrg},\rho}(f) + \frac{2|\mathcal{Y}|^2}{\rho} \mathfrak{R}_n(\Pi \mathcal{F}) + \sqrt{\frac{\log(1/\delta)}{2n}} \tag{7.2}$$

が成り立ちます．

再生核ヒルベルト空間を用いた判別関数の統計モデルについて，ラデマッ

ハ複雑度を評価します．$\mathcal{X}$ 上の再生核ヒルベルト空間を $(\mathcal{H}, \langle \cdot, \cdot \rangle_\mathcal{H})$ とし，対応するカーネル関数を $k(x, x')$ とします．判別関数 $f(x, y)$ について，各 y で $f(\cdot, y) \in \mathcal{H}$ とします．再生核ヒルベルト空間の性質から，$f_y = f(\cdot, y) \in \mathcal{H}$ に対して $f(x, y) = \langle f_y, k(\cdot, x) \rangle_\mathcal{H}$ と表せます．ノルム制約をもつ統計モデル $\mathcal{G}$ を

$$\mathcal{G} = \left\{ (x, y) \mapsto f_y(x) \,\middle|\, f_y \in \mathcal{H}, y \in \mathcal{Y}, \sum_{y \in \mathcal{Y}} \|f_y\|_\mathcal{H}^2 \leq r^2 \right\} \tag{7.3}$$

と定義します．

補題 7.3 再生核ヒルベルト空間 $\mathcal{H}$ のカーネル関数 $k(x, x')$ に対して $\sup_{x \in \mathcal{X}} k(x, x) \leq \Lambda^2$ が成り立つと仮定します．このとき，式 (7.3) の $\mathcal{G}$ に対して

$$\mathfrak{R}_n(\Pi \mathcal{G}) \leq \frac{r\Lambda}{\sqrt{n}}$$

が成り立ちます．

証明． 経験ラデマッハ複雑度 $\widehat{\mathfrak{R}}_S(\Pi \mathcal{G})$ に対して不等式を証明します．入力点の集合を $S = \{x_1, \ldots, x_n\}$ とします．判別関数 $f(x, y) = \langle f_y, k(x, \cdot) \rangle_\mathcal{H} \in \mathcal{G}$ に対して $\|f_y\|_\mathcal{H} \leq r$ となるので，以下の評価式が得られます．

$$\begin{aligned}
\widehat{\mathfrak{R}}_S(\Pi \mathcal{G}) &= \frac{1}{n} \mathbb{E}_\sigma \Big[\sup_{\substack{\{f_\ell | \ell \in \mathcal{Y}\} \\ \sum_{\ell \in \mathcal{Y}} \|f_\ell\|_\mathcal{H}^2 \leq r^2}} \sup_{y \in \mathcal{Y}} \sum_{i=1}^n \sigma_i \langle f_y, k(x_i, \cdot) \rangle_\mathcal{H} \Big] \\
&= \frac{1}{n} \mathbb{E}_\sigma \Big[\sup_{f \in \mathcal{H} : \|f\|_\mathcal{H} \leq r} \langle f, \sum_{i=1}^n \sigma_i k(x_i, \cdot) \rangle_\mathcal{H} \Big] \\
&\leq \frac{r}{n} \mathbb{E}_\sigma \Big[\Big\| \sum_{i=1}^n \sigma_i k(x_i, \cdot) \Big\|_\mathcal{H} \Big] \quad \text{(コーシー・シュワルツの不等式)} \\
&\leq \frac{r}{n} \left(\mathbb{E}_\sigma \Big[\Big\| \sum_{i=1}^n \sigma_i k(x_i, \cdot) \Big\|_\mathcal{H}^2 \Big] \right)^{1/2} \quad \text{(イェンセンの不等式)} \\
&= \frac{r}{n} \left(\sum_{i=1}^n k(x_i, x_i) \right)^{1/2} \quad (i \neq j \text{ なら } \mathbb{E}_\sigma[\sigma_i \sigma_j] = 0)
\end{aligned}$$

$$\leq \frac{r}{n}\sqrt{n\Lambda^2} = \frac{r\Lambda}{\sqrt{n}}.$$

入力点の集合 S に関して期待値をとればラデマッハ複雑度に対する評価式を得ます． □

統計モデルとして (7.3) の $\mathcal{G}$ を用います．カーネル関数が補題 7.3 の条件を満たすとします．このとき式 (7.1) と

$$\Phi_1(m) \leq \phi_{\text{hinge}}(m) = \max\{1-m, 0\}$$

を用いると，学習データ $\{(x_i, y_i) | i = 1, \ldots, n\}$ の分布について $1-\delta$ 以上の確率で，任意の $f \in \mathcal{G}$ に対して一様に

$$R_{\text{err}}(f) \leq \frac{1}{n}\sum_{i=1}^{n}\phi_{\text{hinge}}(\text{mrg}(f; x_i, y_i)) + \frac{2r\Lambda|\mathcal{Y}|^2}{\sqrt{n}} + \sqrt{\frac{\log(1/\delta)}{2n}} \quad (7.4)$$

となることが分かります．ここで $\rho = 1$ としています．したがって r の値を小さく抑えながら第 1 項の経験損失を小さくできれば，予測判別誤差の上界が小さくなることが分かります．

この事実を参考にして，次の多値マージンを用いたサポートベクトルマシンの学習アルゴリズムが導かれます．

$$\min_{\{f_y | y \in \mathcal{Y}\} \subset \mathcal{H}} \frac{1}{2}\sum_{y \in \mathcal{Y}} \|f_y\|_{\mathcal{H}}^2 + C\sum_{i=1}^{n}\phi_{\text{hinge}}(\text{mrg}(f; x_i, y_i)). \quad (7.5)$$

ここで第 1 項は正則化項，また第 2 項はデータに対する判別関数 f の損失を表します．また C はこれらの項のバランスを調整するための正則化パラメータで，正の値をとります．多値判別では，学習データ (x_i, y_i) に対して $\max_{y \in \mathcal{Y}} f(x_i, y)$ が $y = y_i$ で最大値をとるように，学習を効率的に進めることが望ましいと考えられます．多値マージンを用いたサポートベクトルマシンは，これらの要件を満たすように設計された学習アルゴリズムです．

ここで表現定理 (定理 4.10) を用いると，$f(x, y) = \sum_{i=1}^{n} \alpha_{y,i} k(x_i, x)$ と表せることが分かります．したがって，入力点 $\{x_1, \ldots, x_n\}$ に対するグラム行列を $K = (K_{ij})$ とすると，多値サポートベクトルマシンの最適化問題は

$$\min_{\{\alpha_y:y\in\mathcal{Y}\}\subset\mathbb{R}^n} \frac{1}{2}\sum_{y\in\mathcal{Y}} \alpha_y^T K \alpha_y + C\sum_{i=1}^n \xi_i$$
$$\text{subject to }\ \xi_i \geq 0,\ \xi_i \geq 1 - \sum_j K_{ij}\alpha_{y_i,j} + \sum_j K_{ij}\alpha_{y',j},$$
$$y' \in \mathcal{Y}\setminus\{y_i\}, i=1,\ldots,n$$

となり,最適化すべきパラメータ数は $n\times|\mathcal{Y}|$ となります.これは凸2次計画問題なので,数理最適化の手法を用いて効率的に最適解を求めることができます.しかし,データ数とラベル数がともに大きいときは最適化計算が困難になる場合があるため,計算上の工夫が必要になります.また学習された判別器の予測判別誤差に関して,式 (7.4) によって一様バウンドによる精度保証が与えられています.しかし,必ずしもベイズ誤差に近い判別器を学習することができるわけではありません.詳細は 7.4.1 節を参照してください.

7.3 　判別適合的損失

　判別関数を効率的に学習するために,計算しやすい損失関数を用いてアルゴリズムを設計する必要があります.一方,予測精度は通常,予測判別誤差に基づいて評価されます.したがって,学習で用いる損失関数と予測精度を評価するための損失関数は一般に異なります.このような状況で,学習された判別器が高い予測精度を達成するかどうかについて考察します.2 値判別については,第 3 章で判別適合的損失を紹介しました.本節では,多値判別に対する判別適合的損失を考えます.

　データ (x,y) に対する判別関数 f の損失を $\Psi(f;x,y)$ とします.このとき,判別関数 $f(x,y)$ の**予測 Ψ-損失** (predictive Ψ-loss) と**経験 Ψ-損失** (empirical Ψ-loss) をそれぞれ

$$\text{予測 }\Psi\text{-損失:}\quad R_\Psi(f) = \mathbb{E}[\Psi(f;X,Y)]$$
$$\text{経験 }\Psi\text{-損失:}\quad \widehat{R}_\Psi(f) = \frac{1}{n}\sum_{i=1}^n \Psi(f;x_i,y_i)$$

とします.以下では,損失 $\Psi(f;x,y)$ として,y と $f(x,y'), y'\in\mathcal{Y}$ から定まる関数を扱います.すなわち,$\Psi(f;x,y)$ は判別関数 f を介して入力点 x に

7.3 判別適合的損失

依存するものとします.このとき,$\mathcal{Y} = \{1, \ldots, L\}$ として

$$f(x) = (f(x, 1), \ldots, f(x, L)) \in \mathbb{R}^{|\mathcal{Y}|}$$

とおくと,損失 Ψ は

$$\Psi(f; x, y) = \Psi(f(x), y) \tag{7.6}$$

と表せます.予測 Ψ-損失は

$$R_\Psi(f) = \mathbb{E}_X\big[\mathbb{E}_Y[\Psi(f(X), Y) \mid X]\big]$$
$$= \mathbb{E}_X\Big[\sum_{y \in \mathcal{Y}} \Pr(Y = y|X)\Psi(f(X), y)\Big]$$

となります.ラベル集合 $\mathcal{Y}$ 上の確率分布 $q_y, y \in \mathcal{Y}$ とベクトル $\alpha \in \mathbb{R}^{|\mathcal{Y}|}$ に対して,関数 $W_\Psi(q, \alpha)$ を

$$W_\Psi(q, \alpha) = \sum_{y \in \mathcal{Y}} q_y \Psi(\alpha, y)$$

と定義します.このとき判別関数 $f(x, y)$ の予測 Ψ-損失は

$$R_\Psi(f) = \mathbb{E}_X[W_\Psi(\Pr(\cdot|X), f(X))]$$

となります.関数 $W_\Psi(q, \alpha)$ は 3.2 節で定義した $C_\eta(\alpha)$ を多値判別に拡張した関数です.

多値判別の損失 Ψ が判別適合的損失であることを,関数 W_Ψ の性質から定義します.以下で,ラベル集合 $\mathcal{Y}$ 上の確率分布の集合を

$$\Lambda_\mathcal{Y} = \Big\{(q_y)_{y \in \mathcal{Y}} \;\Big|\; \sum_{y \in \mathcal{Y}} q_y = 1, \; q_y \geq 0\Big\}$$

とします.また Ω を $\mathbb{R}^{|\mathcal{Y}|}$ の部分集合とするとき,$\mathcal{Y}$ 上の任意の置換 π に対して,$(f_y)_{y \in \mathcal{Y}} \in \Omega$ なら $f'_y = f_{\pi(y)}$ で定まるベクトル $(f'_y)_{y \in \mathcal{Y}}$ も Ω の元であることを仮定します.このような集合 Ω を置換不変な集合といいます.

> **定義 7.4（多値判別の判別適合的損失）**
>
> Ω を $\mathbb{R}^{|\mathcal{Y}|}$ の置換不変な部分集合とします．非負値関数 $\Psi : \Omega \times \mathcal{Y} \to \mathbb{R}_{\geq 0}$ が次の条件を満たすとき，Ψ を集合 Ω 上の**判別適合的損失**といいます．
>
> 1. 任意の $y \in \mathcal{Y}$ に対して $\Psi(\cdot, y) : \Omega \to \mathbb{R}_{\geq 0}$ は連続関数．
> 2. 分布 $q \in \Lambda_y$ と $y \in \mathcal{Y}$ に対して，$q_y < \max_{y' \in \mathcal{Y}} q_{y'}$ なら次式が成立：
>
> $$W_\Psi^*(q) := \inf_{f \in \Omega} W_\Psi(q, f) < \inf_{f \in \Omega} \left\{ W_\Psi(q, f) \,\middle|\, f_y = \max_{y' \in \mathcal{Y}} f_{y'} \right\}.$$

判別適合的損失の 2 つ目の条件は，判別関数の最大値を達成するラベルが最大確率を与えないとき，損失は大きくなることを意味しています．ただし入力空間については 1 点集合のみを考えていることに対応します．

予測判別誤差と予測 Ψ-損失の関係を調べます．予測 Ψ-損失の可測関数上での下限を

$$R_\Psi^* = \inf_{f : 可測} R_\Psi(f)$$

とします．判別適合的損失 Ψ を用いれば，予測判別誤差の意味で適切な判別関数を学習することができます．これは次の多値損失の判別適合性定理によって保証されます．

定理 7.5 (多値損失の判別適合性定理 [10])　損失 $\Psi : \Omega \times \mathcal{Y} \to \mathbb{R}_{\geq 0}$ は判別適合的とします．また $\Omega \times \mathcal{Y}$ 上の可測関数の列 $\{f^{(m)}\}_{m \in \mathbb{N}}$ に対して

$$\lim_{m \to \infty} R_\Psi(f^{(m)}) = R_\Psi^*$$

を仮定します．このとき

$$\lim_{m \to \infty} R_{\mathrm{err}}(f^{(m)}) = R_{\mathrm{err}}^*$$

が成り立ちます．

定理 7.5 の証明は 7.6 節で行います．

7.4 損失関数

以下で，多値判別に用いられるさまざまな損失関数が判別適合的かどうかについて解説します．また**順序保存特性** (order preserving property) とよばれる性質についても紹介します．これは，$W_\Psi(q,f) = W_\Psi^*(q)$ を満たす $q \in \Lambda_{\mathcal{Y}}$ と $f \in \Omega$ に対して $q_y < q_{y'}$ なら $f_y \leq f_{y'}$ が成り立つという性質です．さらに $f_y < f_{y'}$ となる性質を**狭義順序保存特性** (strictly order preserving property) といいます．

7.4.1 多値マージン損失

多値マージン損失 (multiclass margin loss) は，非負値かつ単調非増加関数 $\phi : \mathbb{R} \to \mathbb{R}$ を用いて

$$\Psi(f,y) = \phi(f_y - \max_{y' \neq y} f_{y'}), \quad f \in \Omega = \mathbb{R}^{|\mathcal{Y}|} \tag{7.7}$$

から定義されます．学習データ (x,y) に対して，判別関数 $f(x,y)$ の損失が $\Psi(f(x_i), y_i) = \phi(\mathrm{mrg}(f; x_i, y_i))$ で与えられます．関数 ϕ が凸関数のとき，線形モデルを用いると効率的な計算が可能です．多値サポートベクトルマシン (7.5) では，ϕ としてヒンジ損失 $\phi_{\mathrm{hinge}}(m) = \max\{1-m, 0\}$ を用いています．

定理 7.6 非負値かつ狭義単調減少関数 ϕ に対して，多値マージン損失は順序保存特性をもちます．

証明． ラベル $\mathcal{Y} = \{1, \ldots, L\}$ 上の確率 $q \in \Lambda_{\mathcal{Y}}$ を $q_1 > q_2 > \cdots > q_L$ となるように選びます．以下で $q_i > q_j$ なら最適解は $f_i \geq f_j$ となることを示します．ベクトル $f \in \Omega$ を $f_i < f_j$ となるように選びます．また $f' \in \Omega$ を，$f'_i = f_j, f'_j = f_i$ として，その他の要素は f と同じベクトルとします．このとき

$$f_i - \max_{y: y \neq i} f_y < f_j - \max_{y: y \neq j} f_y$$

に注意すると

$$W_\Psi(q,f) - W_\Psi(q,f')$$
$$= q_i\phi(f_i - \max_{y\neq i} f_y) + q_j\phi(f_j - \max_{y\neq j} f_y)$$
$$- q_i\phi(f_j - \max_{y\neq j} f_y) - q_j\phi(f_i - \max_{y\neq i} f_y)$$
$$= (q_i - q_j)(\phi(f_i - \max_{y\neq i} f_y) - \phi(f_j - \max_{y\neq j} f_y)) > 0$$

となります．したがって，最適解 $f \in \Omega$ は $f_1 \geq f_2 \geq \cdots \geq f_L$ を満たします． □

同様にして，関数 ϕ が単調非増加関数のとき，$q_1 > \cdots > q_L$ に対して $f_1 \geq f_2 \geq \cdots \geq f_L$ を満たす最適解が存在することを証明することができます．

一般に，多値マージン損失は判別適合的ではありません．以下で，この事実を示します．関数 ϕ は単調非増加関数とします．確率 $q \in \Lambda_\mathcal{Y}$ が $q_1 > q_2 > \cdots > q_L$ を満たすとき，$W_\Psi(q,f)$ を最小にする $f \in \Omega$ として $f'' = (f_1, f_2, \ldots, f_2), f_1 \geq f_2$ と表せるベクトルを考えれば十分です．なぜなら，$f_1 \geq f_2 \geq \cdots \geq f_L$ となる最適解 $f = (f_1, \ldots, f_L) \in \Omega$ が存在し，さらに ϕ が単調非増加なので

$$W(q,f) - W(q,f'') = \sum_{y \geq 3} q_y(\phi(f_y - f_1) - \phi(f_2 - f_1)) \geq 0$$

となるからです．このとき

$$W(q,f'') = \sum_{y \in \mathcal{Y}} q_y \phi(f_y - \max_{y' \neq y} f_{y'}) = q_1\phi(f_1 - f_2) + (1-q_1)\phi(f_2 - f_1)$$

が得られます．もし $q_1 > q_2$ であっても，$q_1 < 0.5$ なら $f_2 = f_1$ が最適解となります．これは多値マージン損失が判別適合的ではないことを意味します．したがって，多値サポートベクトルマシン (7.5) では適切な判別器を学習できない場合があります．なお，ここで示した例は 2 値判別では起こり得ません．3 つ以上のラベルから定義される多値マージン損失に特有の性質です．

7.4.2 判別適合的損失の例

以下では，判別適合的な損失の例をいくつか紹介します．詳細は文献 [9,10] を参照してください．

例 7.1 (ペア比較損失 (pairwise comparison loss)) 非負値かつ単調非増加な関数 ϕ を用いて

$$\Psi(f, y) = \sum_{y' \in \mathcal{Y}} \phi(f_y - f_{y'}), \qquad f \in \Omega = \mathbb{R}^{|\mathcal{Y}|} \tag{7.8}$$

と定義される損失をペア比較損失といいます．判別関数を $f(x, y)$ とすると，データ (x, y) に対して，ラベル $y' \neq y$ に対する $f(x, y) - f(x, y')$ の値が大きくなるように学習を行います．ペア比較損失について以下が成り立ちます．

(i) 非負値かつ単調非増加な関数 ϕ が，任意の $z > 0$ に対して $\phi(z) < \phi(-z)$ を満たすとします．このとき，ペア比較損失は順序保存特性を満たします．さらに ϕ が微分可能で $\phi'(0) < 0$ のとき，狭義順序保存特性を満たします．

(ii) 非負値かつ単調非増加な関数 ϕ が微分可能で $\phi'(0) < 0$ を満たすと仮定します．このとき，ペア比較損失は判別適合的です．

上記の (ii) より，指数損失 $\phi(z) = e^{-z}$ やロジスティック損失 $\phi(z) = \log(1 + e^{-z})$，また 2 乗ヒンジ損失 $\phi(m) = (\max\{1 - m, 0\})^2$ を用いたペア比較損失は判別適合的です．しかし関数 ϕ が微分可能でないとき，ペア比較損失が判別適合的であることは保証されません．とくにヒンジ損失の場合は判別適合的でないことが示されます． □

命題 7.7 ヒンジ損失 $\phi_{\text{hinge}}(m) = \max\{1 - m, 0\}$ から定義されるペア比較損失は判別適合的ではありません．

証明． $\mathcal{Y} = \{1, 2, 3\}$ とし，ラベル上の分布 $q \in \Lambda_y$ を $q_1 > q_2 > q_3 > 0$ となるように選びます．ヒンジ損失から定義される損失 Ψ に対して $W_\Psi(q, f)$，$f = (f_1, f_2, f_3) \in \mathbb{R}^3$ で $f_1 \geq f_2 \geq f_3$ を満たすものを考えます．ペア比較損失の性質から $f_3 = 0$ として一般性を失いません．このとき

$$W_\Psi(q, f) = 1 + q_1(\phi_{\text{hinge}}(f_1) + \phi_{\text{hinge}}(f_1 - f_2))$$

$$+ q_2(\phi_{\text{hinge}}(f_2) + f_1 - f_2 + 1) + q_3(f_1 + f_2 + 2)$$

となります.線形計画問題として表現すると

$$\min_{f,\xi} q_1\xi_1 + q_1\xi_2 + q_2\xi_3 + (q_2 + q_3)f_1 + (q_3 - q_2)f_2$$

$$\text{subject to } \xi_i \geq 0, \ i = 1, 2, 3,$$

$$\xi_1 \geq 1 - f_1, \ \xi_2 \geq 1 - f_1 + f_2, \ \xi_3 \geq 1 - f_2$$

となります.不等式制約にラグランジュ乗数 $\alpha_i, \beta_i, i = 1, 2, 3$ を導入して,ラグランジュ関数を

$$L(f, \xi, \alpha, \beta)$$
$$= q_1\xi_1 + q_1\xi_2 + q_2\xi_3 + (q_2 + q_3)f_1 + (q_3 - q_2)f_2 - \sum_{i=1}^{3} \xi_i \alpha_i$$
$$+ \beta_1(1 - f_1 - \xi_1) + \beta_2(1 - f_1 + f_2 - \xi_2) + \beta_3(1 - f_2 - \xi_3)$$

とします.最適性条件は,上の線形計画問題の不等式制約と α_i, β_i の非負条件に加えて,以下に示すラグランジュ関数の停留条件と相補性条件となります.

停留条件:

$$\frac{\partial L}{\partial \xi_i}: \ q_1 - \alpha_1 - \beta_1 = 0, \quad q_1 - \alpha_2 - \beta_2 = 0, \quad q_2 - \alpha_3 - \beta_3 = 0,$$

$$\frac{\partial L}{\partial f_j}: \ q_2 + q_3 - \beta_1 - \beta_2 = 0, \quad q_3 - q_2 + \beta_2 - \beta_3 = 0.$$

相補性条件:

$$\alpha_i \xi_i = 0 \ (i = 1, 2, 3), \quad \beta_1(1 - f_1 - \xi_1) = 0,$$
$$\beta_2(1 - f_1 + f_2 - \xi_2) = 0, \quad \beta_3(1 - f_2 - \xi_3) = 0.$$

ここで $f_1 = f_2 = 1, \xi_1 = 0, \xi_2 = 1, \xi_3 = 0$ とします.このとき $\alpha_2 = 0$ とすると主問題の不等式制約と相補性条件がすべて満たされます.さらに

$$\alpha_1 = 2q_1 - q_2 - q_3, \ \alpha_2 = 0, \ \alpha_3 = 2q_2 - q_1 - q_3,$$
$$\beta_1 = q_2 + q_3 - q_1, \ \beta_2 = q_1, \ \beta_3 = q_1 - q_2 + q_3$$

となります．したがって，$q_1 > q_2 > q_3 > 0$ に加えて $q_2 + q_3 > q_1$ と $q_2 > (q_1 + q_3)/2$ を満たす分布に対して，ラグランジュ乗数の非負性が保証され，$f_1 = f_2 = 1$ が最適解になります．たとえば $(q_1, q_2, q_3) = (0.45, 0.4, 0.15)$ のとき，$f = (1, 1, 0)$ として $W_\Psi(q, f) = W_\Psi^*(q)$ が成り立ちます．したがって，損失 Ψ は判別適合的ではありません．□

例 7.2 (**制約付き比較損失** (constrained comparison loss)) 関数 $\phi : \mathbb{R} \to \mathbb{R}$ を用いて

$$\Psi(f, y) = \sum_{y' \neq y} \phi(-f_{y'}), \quad f \in \Omega = \left\{ f \in \mathbb{R}^{|\mathcal{Y}|} \,\bigg|\, \sum_{y \in \mathcal{Y}} f_y = 0 \right\}$$

と定義される損失を制約付き比較損失といいます．制約 Ω があるので，判別関数 $f(x, y)$ に対して，任意の $x \in \mathcal{X}$ で

$$\sum_{y \in \mathcal{Y}} f(x, y) = 0$$

が成り立つような統計モデルを用います．関数 ϕ が単調非増加なら，学習の結果得られる判別関数 f について，データ (x_i, y_i) に対する $f(x_i, y'), y' \neq y_i$ の値は小さくなる傾向があります．制約式を考慮すると，結果として $f(x_i, y_i)$ は大きな値をとることになります．制約付き比較損失について，以下が成り立ちます．

(i) 非負値関数 ϕ が狭義単調減少のとき，制約付き比較損失は順序保存特性を満たします．また ϕ が狭義凸で微分可能なら，狭義順序保存特性をもちます．

(ii) 凸非負値関数 ϕ は $(-\infty, 0]$ 上で微分可能とし，また $\phi'(0) < 0$ を満たすと仮定します．このとき，制約付き比較損失は判別適合的です．

制約付き比較損失にヒンジ損失 $\phi_{\text{hinge}}(m) = \max\{1 - m, 0\}$ を用いるとき，上の (ii) から判別適合的な損失が得られます．□

例 7.3 (**1 対他損失** (one versus all loss)) 1 対他損失は，関数 $\phi : \mathbb{R} \to \mathbb{R}$ を用いて

$$\Psi(f, y) = \phi(f_y) + \sum_{y' \neq y} \phi(-f_{y'}), \quad f \in \Omega = \mathbb{R}^{|\mathcal{Y}|}$$

から定義されます．制約付き比較損失とは異なり，判別関数 $f(x,y)$ に制約はありません．その代わり，データ (x_i, y_i) に対する損失 $\phi(f(x_i, y_i))$ も考慮することで，$f(x_i, y_i)$ の値が大きくなり，また $y' \neq y_i$ に対する $f(x_i, y')$ の値が小さくなるように学習が進みます．1対他損失について，以下が成り立ちます．

(i) 非負値凸関数 ϕ が微分可能で，$z > 0$ に対して $\phi(z) < \phi(-z)$ となると仮定します．このとき ϕ から定義される1対他損失は，狭義順序保存特性をもちます．
(ii) 1対他損失は (i) の条件のもとで判別適合的です．

上記の (ii) より，指数損失 $\phi(z) = e^{-z}$ やロジスティック損失 $\phi(z) = \log(1 + e^{-z})$ を用いたペア比較損失は判別適合的です． □

例 7.4 (**識別モデル損失** (discriminative model loss)) 識別モデル損失は，ロジスティックモデルに対する最尤推定を含む損失のクラスです．関数 ψ, s, t を $\mathbb{R}$ 上の実数値関数とし，損失 $\Psi(f, c)$ を

$$\Psi(f, y) = \psi(f_y) + s\bigg(\sum_{y' \in \mathcal{Y}} t(f_{y'})\bigg)$$

と定義します．たとえば

$$\psi(z) = -z,\ t(z) = e^z,\ s(z) = \log z \tag{7.9}$$

とすると

$$\Psi(f, y) = -f_y + \log \sum_{y'} e^{f_{y'}} = -\log \frac{e^{f_y}}{\sum_{y'} e^{f_{y'}}}$$

となります．これは，ラベルの条件付き分布に対して統計モデル

$$\Pr(Y = y | x) = \frac{e^{f(x,y)}}{\sum_{y' \in \mathcal{Y}} e^{f(x,y')}}$$

を用いたときの，負の対数尤度関数に一致します．識別モデル損失を用いるとき，適当な条件のもとで判別関数 $f(x,y)$ を条件付き確率に対応させることができます．識別モデル損失に対して，次が成り立ちます．

(i) 関数 ψ, t, s は微分可能で $s'(z) > 0$ とします．非負実数 a に対する方程式 $a\psi'(z) + t'(z) = 0$ の解 z_a は a の増加関数とします．このとき，識別モデル損失は狭義順序保存特性をもちます．
(ii) 識別モデル損失は (i) の条件のもとで判別適合的です．

関数 (7.9) を用いたとき，(i) の解 z_a は $\log a$ となります．このとき損失 Ψ は，$q_y = 0$ を $f_y = -\infty$ に対応させることで，判別適合的損失の条件を満たします． □

7.5 統計的一致性

本節では，判別適合性定理を用いて予測判別誤差を評価します．これは，7.2 節のマージン損失 Φ_ρ を用いる方法とは異なる評価法です．

普遍カーネルから定義される $\mathcal{X}$ 上の再生核ヒルベルト空間 $\mathcal{H}$ を用いて，多値判別の判別器を学習します．各ラベル $y \in \mathcal{Y}$ に対して，判別関数 $f(x,y)$ の統計モデルとして $f_y \in \mathcal{H}$ を用います．ここで $f = (f_y)_{y \in \mathcal{Y}} \in \mathcal{H}^{|\mathcal{Y}|}$ とし，損失 $\Psi : \Omega \times \mathcal{Y} \to \mathbb{R}$ に基づく学習アルゴリズム

$$\min_{f \in \mathcal{H}^{|\mathcal{Y}|}} \frac{1}{n} \sum_{i=1}^{n} \Psi(f(x_i), y_i) + \lambda_n \sum_{y \in \mathcal{Y}} \|f_y\|_\mathcal{H}^2 \tag{7.10}$$

から得られる判別器の予測判別誤差を調べます．表現定理 (定理 4.10) より，(7.10) は有限次元最適化問題として定式化されます．判別適合的な損失を使えば，データ数が十分多い極限で，適切な λ_n を用いて学習された判別器はベイズ誤差を達成すると考えられます．

本節では，議論を簡単にするため，損失 Ψ に対して以下の3つの条件を仮定します．

損失の種類： 損失 Ψ はペア比較損失または1対他損失．
リプシッツ連続性： $\Omega = \mathbb{R}^{|\mathcal{Y}|}$ として損失 $\Psi : \Omega \times \mathcal{Y} \to \mathbb{R}_{\geq 0}$ は関数 $\phi : \mathbb{R} \to \mathbb{R}_{\geq 0}$ から定義され，ϕ はリプシッツ連続．
判別適合性： Ψ は判別適合的損失．

たとえば，2値判別におけるロジスティック損失 $\phi(m) = \log(1 + e^{-m})$ から

定義されるペア比較損失や 1 対他損失は，これらの条件を満たします．関数 ϕ がリプシッツ連続なので，上の条件を満たす Ψ も Ω 上でリプシッツ連続です．よって普遍カーネルを用いるとき，定理 4.14 の仮定が成り立つことが分かります．また損失 Ψ に対する仮定から，正値 $B > 0$ が存在して

$$\max_{y \in \mathcal{Y}} \Psi(0, y) \leq B \tag{7.11}$$

となります．

問題 (7.10) の最適解を $\widehat{f}_y, y \in \mathcal{Y}$ とするとき，学習データ数 $n \to \infty$ の極限で $R_\Psi(\widehat{f})$ が R_Ψ^* に確率収束することを証明します．このとき，多値判別における判別適合性定理 (定理 7.5) から $R_{\mathrm{err}}(\widehat{f})$ が R_{err}^* に確率収束することが分かります．

補題 7.8 学習データ数が n のとき，(7.10) の最適解 $\widehat{f}_y, y \in \mathcal{Y}$ は

$$\mathcal{G}_n = \left\{ (x, y) \mapsto f(x, y) = f_y(x) \,\middle|\, f_y \in \mathcal{H}, y \in \mathcal{Y}, \sum_{y \in \mathcal{Y}} \|f_y\|_\mathcal{H}^2 \leq B/\lambda_n \right\} \tag{7.12}$$

に含まれます．ここで B は (7.11) で与えられる定数です．

証明． 最適解 $\widehat{f}_y$ について

$$\frac{1}{n} \sum_{i=1}^n \Psi(\widehat{f}(x_i), y_i) + \lambda_n \sum_{y \in \mathcal{Y}} \|\widehat{f}_y\|_\mathcal{H}^2 \leq \frac{1}{n} \sum_{i=1}^n \Psi(0, y_i) + \lambda_n \sum_{y \in \mathcal{Y}} \|0\|_\mathcal{H}^2$$
$$\leq B$$

となるので，損失 Ψ の非負値性より

$$\sum_{y \in \mathcal{Y}} \|\widehat{f}_y\|_\mathcal{H}^2 \leq \frac{B}{\lambda_n}$$

となります． □

補題 7.9 再生核ヒルベルト空間 $\mathcal{H}$ から定義される判別関数の統計モデル $\mathcal{G}$ を

$$\mathcal{G} = \left\{ (x, y) \mapsto f(x, y) = f_y(x) \,\middle|\, f_y \in \mathcal{H}, y \in \mathcal{Y}, \sum_{y \in \mathcal{Y}} \|f_y\|_\mathcal{H}^2 \leq r^2 \right\}$$

とします．カーネル関数は $\sup_{x \in \mathcal{X}} k(x,x) \leq \Lambda^2$ を満たすとします．仮定を満たす損失 Ψ に対して

$$\Psi \circ \mathcal{G} = \left\{ (x,y) \mapsto \Psi(f(x),y) \,\middle|\, f \in \mathcal{G} \right\}$$

とおきます．このとき，経験ラデマッハ複雑度について

$$\widehat{\mathfrak{R}}_S(\Psi \circ \mathcal{G}) \leq \frac{Cr}{\sqrt{n}}$$

が成り立ちます．ここで C は $|\mathcal{Y}|, \Lambda$ と ϕ のリプシッツ定数から定まる定数です．ラデマッハ複雑度に対しても同じ不等式が成り立ちます．

証明． 仮定を満たすペア比較損失を Ψ とします．また，データ集合を $S = \{(x_1, y_1), \ldots, (x_n, y_n)\}$ とし，ϕ のリプシッツ定数を ℓ_ϕ とします．関数集合 $\mathcal{G}_y$ を

$$\mathcal{G}_y = \{x \mapsto f_y(x) \,|\, f \in \mathcal{G}\} \subset \mathcal{H}$$

とし，ラデマッハ複雑度に関する定理 2.6 を用いると，以下の不等式が得られます．

$$\begin{aligned}
\widehat{\mathfrak{R}}_S(\Psi \circ \mathcal{G}) &= \frac{1}{n} \mathbb{E}_\sigma \left[\sup_{f \in \mathcal{G}} \sum_{i=1}^n \sigma_i \sum_{y'} \phi(f(x_i, y_i) - f(x_i, y')) \right] \\
&\leq \frac{1}{n} \sum_{y'} \mathbb{E}_\sigma \left[\sup_{f \in \mathcal{G}} \sum_{i=1}^n \sigma_i \phi(f(x_i, y_i) - f(x_i, y')) \right] \\
&\leq \frac{\ell_\phi}{n} \sum_{y'} \mathbb{E}_\sigma \left[\sup_{f \in \mathcal{G}} \sum_{i=1}^n \sigma_i (f(x_i, y_i) - f(x_i, y')) \right] \\
&\leq \ell_\phi |\mathcal{Y}| \widehat{\mathfrak{R}}_S(\mathcal{G}) + \ell_\phi \sum_y \widehat{\mathfrak{R}}_S(\mathcal{G}_y) \\
&\leq \ell_\phi (|\mathcal{Y}| + 1) \sum_y \widehat{\mathfrak{R}}_S(\mathcal{G}_y).
\end{aligned}$$

最後の不等式で定理 2.6 の 6 を用いました．次に $\widehat{\mathfrak{R}}_S(\mathcal{G}_y)$ の上界を導出します．各 $y \in \mathcal{Y}$ に対して，$g \in \mathcal{G}_y$ なら $\|g\|_\mathcal{H} \leq r$ となることから，定理 4.11 を用いると

$$\widehat{\mathfrak{R}}_S(\mathcal{G}_y) \leq \frac{\Lambda r}{\sqrt{n}}$$

が得られます．1 対他損失の場合も同様です． □

定理 2.7 の一様大数の法則を用いて予測 Ψ-損失を評価します．カーネル関数に有界性 $\sup_{x \in \mathcal{X}} k(x,x) \leq \Lambda^2$ を仮定します．式 (7.12) の集合 $\mathcal{G}_n$ に関して，$f \in \mathcal{G}_n$ に対する $\Psi(f(x),y)$ の上界を求めます．損失 Ψ の 1-ノルムに関するリプシッツ定数を ℓ_Ψ とします[*1]．カーネル関数の性質と補題 7.8 から

$$|\Psi(f(x),y)| \leq \Psi(0,y) + |\Psi(f(x),y) - \Psi(0,y)|$$
$$\leq B + \ell_\Psi \sum_{y \in \mathcal{Y}} |f_y(x)|$$
$$\leq B + \ell_\Psi \sum_{y \in \mathcal{Y}} \Lambda \sqrt{\frac{B}{\lambda_n}} = B + \frac{|\mathcal{Y}|\ell_\Psi \Lambda \sqrt{B}}{\sqrt{\lambda_n}}$$

となります．したがって，定理 2.7 と補題 7.9 より，学習データの分布のもとで $1-\delta$ 以上の確率で，

$$\sup_{f \in \mathcal{G}_n} |R_\Psi(f) - \widehat{R}_\Psi(f)|$$
$$\leq 2\mathfrak{R}_n(\Psi \circ \mathcal{G}_n) + 2\left(B + \frac{|\mathcal{Y}|\ell_\Psi \Lambda \sqrt{B}}{\sqrt{\lambda_n}}\right)\sqrt{\frac{\log(2/\delta)}{2n}}$$
$$\leq \frac{2C\sqrt{B}}{\sqrt{n\lambda_n}} + 2\left(B + \frac{|\mathcal{Y}|\ell_\Psi \Lambda \sqrt{B}}{\sqrt{\lambda_n}}\right)\sqrt{\frac{\log(2/\delta)}{2n}}$$

が成り立ちます．上の評価は δ がデータ数 n に依存しているときも成立します．そこで，$\lambda_n \to 0, n\lambda_n \to \infty \, (n \to \infty)$ を満たす正則化パラメータ $\lambda_n > 0$ に対して

$$\delta_n = \exp\{-(n\lambda_n)^\kappa\}, \quad 0 < \kappa < 1$$

とします．このとき，ある値より大きな n に対して，$1 - \exp\{-(n\lambda_n)^\kappa\}$ 以

[*1] 仮定を満たす損失 Ψ に対して，ℓ_ϕ や $|\mathcal{Y}|$ を用いて ℓ_Ψ の上界を導出できます．

上の確率で

$$\sup_{f \in \mathcal{G}_n} |R_\Psi(f) - \widehat{R}_\Psi(f)| \le D(n\lambda_n)^{-(1-\kappa)/2} \tag{7.13}$$

となります．ここで D は $|\mathcal{Y}|, B, \Lambda, \ell_\Psi$ に依存する定数です．

定理 7.10 (多値判別における統計的一致性) 正則化パラメータ $\lambda_n > 0$ について $\lambda_n \to 0, n\lambda_n \to \infty \, (n \to \infty)$ とします．普遍カーネル $k(x, x')$ に対して有界性 $\sup_{x \in \mathcal{X}} k(x, x) \le \Lambda^2$ を仮定します．このとき，仮定を満たす損失 Ψ を用いて (7.10) で学習した判別関数 $\widehat{f} \in \mathcal{H}^{|\mathcal{Y}|}$ は，統計的一致性をもちます．

証明． まず $R_\Psi(\widehat{f})$ が R_Ψ^* に確率収束することを示します．定理 4.14 を適用できるので，任意の分布と任意の $\varepsilon \in (0, B)$ に対して

$$R_\Psi(\widetilde{f}) \le R_\Psi^* + \varepsilon$$

を満たす $\widetilde{f} \in \mathcal{H}^{|\mathcal{Y}|}$ が存在します．ここで $\sum_{y \in \mathcal{Y}} \|\widetilde{f}_y\|_\mathcal{H}^2 \le \varepsilon/\lambda_n$ と $D(n\lambda_n)^{-(1-\kappa)/2} < \varepsilon$ を満たす十分大きな n を選びます．このとき $\widetilde{f} \in \mathcal{G}_n$ です．学習データ数を n とするとき，式 (7.13) より最適解 $\widehat{f} \in \mathcal{G}_n$ に対して $1 - e^{-(n\lambda_n)^\kappa}$ 以上の確率で次式が成り立ちます．

$$\begin{aligned} R_\Psi(\widehat{f}) &\le R_\Psi(\widetilde{f}) + R_\Psi(\widehat{f}) - \widehat{R}_\Psi(\widehat{f}) + \widehat{R}_\Psi(\widehat{f}) + \lambda_n \sum_y \|\widehat{f}_y\|_\mathcal{H}^2 - R_\Psi(\widetilde{f}) \\ &\le R_\Psi(\widetilde{f}) + R_\Psi(\widehat{f}) - \widehat{R}_\Psi(\widehat{f}) + \widehat{R}_\Psi(\widetilde{f}) + \lambda_n \sum_y \|\widetilde{f}_y\|_\mathcal{H}^2 - R_\Psi(\widetilde{f}) \\ &\le R_\Psi^* + 2\varepsilon + 2 \sup_{f \in \mathcal{G}_n} |R_\Psi(f) - \widehat{R}_\Psi(f)| \\ &\le R_\Psi^* + 4\varepsilon. \end{aligned}$$

2 番目の不等式は $\widehat{f}$ の最適性から得られます．以上より，任意に小さい $\varepsilon > 0$ に対して

$$\lim_{n \to \infty} \Pr\left(R_\Psi(\widehat{f}) \le R_\Psi^* + \varepsilon\right) = 1$$

となります．損失 Ψ が判別適合的であることから，上式から任意の $\varepsilon' > 0$ に対して

$$\lim_{n\to\infty} \Pr\left(R_{\mathrm{err}}(\widehat{f}) \leq R_{\mathrm{err}}^* + \varepsilon'\right) = 1$$

となります．したがって $\widehat{f}$ は統計的一致性をもちます． □

ペア比較損失と 1 対他損失に対して統計的一致性を証明しました．適当な仮定を満たす判別適合的損失に対して，同様に統計的一致性が成り立ちます．一方で 7.4.1 節で示したように，いくつか提案されている多値版のサポートベクトルマシンについては，2 値判別の場合とは異なり統計的一致性をもたない場合があるので，注意が必要です．

7.6 多値判別における判別適合性定理の証明

定理 7.5 を証明します．まず，いくつかの補題を示します．0-1 損失と Ψ 損失の関係を調べるために，$q \in \Lambda_y, k \in \mathcal{Y} = \{1,\ldots,L\}, f \in \Omega \subset \mathbb{R}^{|\mathcal{Y}|}$ に対して次の関数を定義します．

$$\Delta\ell(q,k) = \max_{y\in\mathcal{Y}} q_y - q_k,$$
$$\Delta W_\Psi(q,f) = W_\Psi(q,f) - \inf_{f'\in\Omega} W_\Psi(q,f').$$

また $f = (f_y)_{y\in\mathcal{Y}} \in \Omega$ に対して

$$h_f = \operatorname*{argmax}_{y\in\mathcal{Y}} f_y$$

とし，$\varepsilon \geq 0$ に対して関数 $H(\varepsilon)$ を

$$H(\varepsilon) = \inf_{q,f}\{\Delta W_\Psi(q,f) \mid (q,f) \in \Lambda_y \times \Omega, \Delta\ell(q,h_f) \geq \varepsilon\}$$

と定義します．ただし $\Delta\ell(q,h_f) \geq \varepsilon$ を満たす $(q,f) \in \Lambda_y \times \Omega$ が存在しないときは $H(\varepsilon) = \infty$ とします．定義から，次の補題が成り立つことが分かります．

補題 7.11 関数 $H(\varepsilon), \varepsilon \geq 0$ について以下が成り立ちます．

1. $H(\varepsilon) \geq 0, \ H(0) = 0.$

2. $H(\varepsilon)$ は単調非減少関数.
3. $(q, f) \in \Lambda_{\mathcal{Y}} \times \Omega$ に対して $H(\Delta\ell(q, h_f)) \leq \Delta W_\Psi(q, f)$ が成立.

関数 $H(\varepsilon)$ の凸包について調べます．関数の凸包については 3.2 節を参照してください．

補題 7.12 関数 $H(\varepsilon)$ の凸包を $\zeta_*(\varepsilon)$ とすると，次が成り立ちます.

1. $\zeta_*(\varepsilon)$ は単調非減少，また $\zeta_*(0) = 0$.
2. 任意の $\varepsilon > 0$ に対して $H(\varepsilon) > 0$ とします．また，$a > 0$ と $b \in \mathbb{R}$ が存在して，任意の $\varepsilon \geq 0$ に対して $a\varepsilon + b \leq H(\varepsilon)$ となると仮定します．このとき $\varepsilon > 0$ に対して $\zeta_*(\varepsilon) > 0$ が成立.
3. 判別関数を $f(x) = (f(x, 1), \ldots, f(x, L)) \in \Omega \subset \mathbb{R}^{|\mathcal{Y}|}$ とします．$\mathcal{X}$ に値をとる確率変数 X と関数 $p: \mathcal{X} \to \Lambda_{\mathcal{Y}}$ に対して

$$\zeta_*(\mathbb{E}_X[\Delta\ell(p(X), h_{f(X)})]) \leq \mathbb{E}_X[\Delta W_\Psi(p(X), f(X))]$$

が成立.

証明． <u>1 の証明</u>．$H(\varepsilon) \geq 0$, $H(0) = 0$ より，恒等関数 $\zeta(\varepsilon) = 0$ は $H \geq \zeta$ を満たす凸関数です．したがって，$0 \leq \zeta_*(0) \leq H(0) = 0$ より $\zeta_*(0) = 0$ となります．ここで $0 < \varepsilon < \varepsilon'$ として $\varepsilon = \alpha\varepsilon', 0 < \alpha < 1$ とおくと，ζ_* が非負の凸関数であることから $\zeta_*(\varepsilon) \leq (1-\alpha)\zeta_*(0) + \alpha\zeta_*(\varepsilon') \leq \zeta_*(\varepsilon')$ となります．したがって ζ_* は単調非減少であることが分かります．

<u>2 の証明</u>．関数 $\ell(\varepsilon)$ を $\ell(\varepsilon) = a\varepsilon + b$ とします．$\ell(\varepsilon_0) = 0$ となる $\varepsilon_0 \in \mathbb{R}$ をとります．凸関数 $\max\{\ell(\varepsilon), 0\}$ は $H(\varepsilon)$ の下界なので $\max\{\ell(\varepsilon), 0\} \leq \zeta_*(\varepsilon)$ となり，$\varepsilon_0 < \varepsilon'$ に対して $\zeta_*(\varepsilon') > 0$ となります．次に $0 < \varepsilon' \leq \varepsilon_0$ の場合を考えます．まず $\ell(\varepsilon_1) = H(\varepsilon'/2) > 0$ となる ε_1 をとります．このとき $0 < \varepsilon'/2 < \varepsilon' \leq \varepsilon_0 < \varepsilon_1$ となっています．点 $(\varepsilon'/2, 0)$ と点 $(\varepsilon_1, H(\varepsilon'/2))$ を結ぶ直線を $h(\varepsilon)$ とします．さらに，図 7.1 にあるように，関数 $\tau(\varepsilon)$ を

$$\tau(\varepsilon) = \begin{cases} 0, & 0 < \varepsilon \leq \varepsilon'/2, \\ h(\varepsilon), & \varepsilon'/2 < \varepsilon \leq \varepsilon_1, \\ \ell(\varepsilon), & \varepsilon_1 < \varepsilon \end{cases}$$

と定義します．このとき $\ell(\varepsilon)$ に対する仮定と $H(\varepsilon)$ の単調性から，$\varepsilon > 0$ に

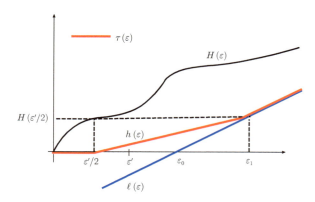

図 7.1 補題 7.12 の 2 の証明に用いられる関数 $\tau(\varepsilon)$.

対して $H(\varepsilon) \geq \tau(\varepsilon)$ となります. さらに直線 $h(\varepsilon)$ の構成から, $h(\varepsilon)$ の傾きは 0 より大きく a より小さいので $\tau(\varepsilon)$ は凸関数となり, $\zeta_*(\varepsilon) \geq \tau(\varepsilon)$ が成り立ちます. したがって, $\zeta_*(\varepsilon') \geq \tau(\varepsilon') = h(\varepsilon') > 0$ となります.

<u>3 の証明.</u> 凸関数 $\zeta_*(\varepsilon)$ にイェンセンの不等式を用います. 不等式 $\zeta_*(z) \leq H(z)$ と補題 7.11 の 3 より

$$
\begin{aligned}
\zeta_*(\mathbb{E}_X[\Delta\ell(p(X), h_{f(X)})]) &\leq \mathbb{E}_X[\zeta_*(\Delta\ell(p(X), h_{f(X)}))] \\
&\leq \mathbb{E}_X[H(\Delta\ell(p(X), h_{f(X)}))] \\
&\leq \mathbb{E}_X[\Delta W_\Psi(p(X), f(X))]
\end{aligned}
$$

となります. □

補題 7.13 関数 $W_\Psi^*(q) = \inf_{f \in \Omega} W_\Psi(q, f)$ は $\Lambda_\mathcal{Y}$ 上で連続です.

証明. 関数 $W_\Psi(q, f)$ は非負で q に関して線形なので, $W_\Psi^*(q)$ は $\Lambda_\mathcal{Y}$ 上で非負実数をとる凹関数であり, $\Lambda_\mathcal{Y}$ の内点で連続です (定理 B.7). 以下, $\Lambda_\mathcal{Y}$ の境界上を含めた連続性を示します.

$\mathcal{Y} = \{1, \ldots, L\}$ とし, $\mathbb{R}^{|\mathcal{Y}|}$ 上のユークリッド内積を $\langle \cdot, \cdot \rangle$ とします. また $C = \{(\Psi(f, 1), \ldots, \Psi(f, L)) : f \in \Omega\}$ とおき, C の凸包を S とします. 損失 Ψ の非負性から, ベクトル $z \in S$ の要素は非負となります. このとき

$$W_\Psi^*(q) = \inf_{z \in C} \langle q, z \rangle = \inf_{z \in S} \langle q, z \rangle$$

となります.2番目の等式は,z が z_1, z_2 の凸和のとき

$$\langle q, z \rangle \geq \min\{\langle q, z_1 \rangle, \langle q, z_2 \rangle\}$$

となることから分かります.もし S が有界集合なら点列 $q^{(m)} \to q$ に対して

$$\sup_{z \in S} |\langle q^{(m)}, z \rangle - \langle q, z \rangle| \leq \sup_{z \in S} \|q^{(m)} - q\| \|z\| \to 0 \quad (m \to \infty)$$

となります.上の事実を使うと,S が有界のとき

$$|\inf_{z \in S} \langle q, z \rangle - \inf_{z \in S} \langle q^{(m)}, z \rangle| \leq \sup_{z \in S} |\langle q - q^{(m)}, z \rangle| \longrightarrow 0 \quad (m \to \infty)$$

より $W_\Psi^*(q)$ は連続になります.

次に S が有界でない場合を考えます.$\mathbb{R}^{|\mathcal{Y}|}$ 内の原点を中心とする半径 r の球を B_r とします.このとき

$$\inf_{z \in S} \langle q^{(m)}, z \rangle \leq \inf_{z \in S \cap B_r} \langle q^{(m)}, z \rangle$$
$$\longrightarrow \inf_{z \in S \cap B_r} \langle q, z \rangle \quad (m \to \infty)$$
$$\longrightarrow \inf_{z \in S} \langle q, z \rangle \quad (r \to \infty)$$

より

$$\limsup_{m \to \infty} W_\Psi^*(q^{(m)}) \leq W_\Psi^*(q)$$

となります.$q \in \Lambda_\mathcal{Y}$ を $q_1, \ldots, q_j > 0$, $q_{j+1} = \cdots = q_L = 0$ を満たす確率分布とし,q に収束する点列を $q^{(m)}$ とします.このとき,正の値 c が存在して,十分大きなすべての m に対して $q_i^{(m)} > c, i = 1, \ldots, j$ が成り立ちます.このとき十分大きな半径 $M > 0$ で定まる $B_M \subset \mathbb{R}^j$ が存在して

$$W_\Psi^*(q) = \inf_{z \in S} \sum_{i=1}^j q_i z_i = \inf_{\substack{z \in S \\ (z_1, \ldots, z_j) \in B_M}} \sum_{i=1}^j q_i z_i$$

$$W_\Psi^*(q^{(m)}) \geq \inf_{z \in S} \sum_{i=1}^j q_i^{(m)} z_i = \inf_{\substack{z \in S \\ (z_1, \ldots, z_j) \in B_M}} \sum_{i=1}^j q_i^{(m)} z_i$$

となります*2. したがって

$$\liminf_{m\to\infty} W_\Psi^*(q^{(m)}) \geq \lim_{m\to\infty} \inf_{\substack{z\in S \\ (z_1,\ldots,z_j)\in B_M}} \sum_{i=1}^j q_i^{(m)} z_i$$

$$= \inf_{\substack{z\in S \\ (z_1,\ldots,z_j)\in B_M}} \sum_{i=1}^j q_i z_i = W_\Psi^*(q)$$

となります. 以上より, 連続性

$$\lim_{m\to\infty} W_\Psi^*(q^{(m)}) = W_\Psi^*(q)$$

が成り立ちます. □

補題 7.14 損失 Ψ が判別適合的であるとき, 任意の $\varepsilon > 0$ に対して $\delta > 0$ が存在し, 任意の $q \in \Lambda_{\mathcal{Y}}$ に対して

$$W_\Psi^*(q) + \delta$$
$$\leq \inf_f \left\{ W_\Psi(q,f) \,\middle|\, q_k \leq \max_y q_y - \varepsilon \text{ となる } k \in \mathcal{Y} \text{ に対して } f_k = \max_y f_y \right\}$$
(7.14)

が成立します.

証明. 背理法で証明します. 式 (7.14) が成り立たないと仮定します. このとき, $\varepsilon > 0$ と次式

$$f^{(m)} \in \Omega, \quad f_{c^{(m)}}^{(m)} = \max_y f_y^{(m)}, \quad q_{c^{(m)}}^{(m)} \leq \max_y q_y^{(m)} - \varepsilon$$

を満たす列

$$\{(c^{(m)}, f^{(m)}, q^{(m)})\}_{m\in\mathbb{N}} \subset \mathcal{Y} \times \Omega \times \Lambda_{\mathcal{Y}}$$

が存在して

$$\lim_{m\to\infty} \left\{ W_\Psi(q^{(m)}, f^{(m)}) - W_\Psi^*(q^{(m)}) \right\} = 0$$

---

*2 $\langle q, z' \rangle \leq b = \inf_{z\in S} \langle q, z \rangle + \varepsilon$ のとき, $i = 1, \ldots, j$ に対して $z_i' \leq b/q_i$ となるので, 最適解に近い z' では $(z_1', \ldots, z_j')$ は有界です. 一方, もし $q_i^{(m)} \to 0$ なら, 下限を達成する $z = (z_1, \ldots, z_j)$ について $z_i \to \infty$ となる可能性があります.

となります. $\Lambda_\mathcal{Y}$ はコンパクトなので, 適切に部分列をとり直して, 任意の $m \in \mathbb{N}$ に対して $c^{(m)} = y' \in \mathcal{Y}$ かつ $\lim_{m \to \infty} q^{(m)} = q \in \Lambda_\mathcal{Y}$ とすることができます. 補題 7.13 より $\lim_{m \to \infty} W_\Psi^*(q^{(m)}) = W_\Psi^*(q)$ となるので,

$$\lim_{m \to \infty} W_\Psi(q^{(m)}, f^{(m)}) = W_\Psi^*(q)$$

となります. ここで $q = (q_y)_{y \in \mathcal{Y}} \subset \Lambda_\mathcal{Y}$ に対して

$$q_1 = \cdots = q_\ell = 0, \quad q_j > 0, \ (\ell < j \leq L)$$

とすると

$$\limsup_{m \to \infty} \sum_{j=\ell+1}^{L} q_j^{(m)} \Psi(f^{(m)}, j) \leq \lim_{m \to \infty} W_\Psi(q^{(m)}, f^{(m)}) = W_\Psi^*(q)$$

となります. よって, 十分大きな m で

$$q_j^{(m)} \Psi(f^{(m)}, j) \leq W_\Psi^*(q) + 1, \quad (\ell < j \leq L)$$

となり, また $q_j^{(m)}, \ell < j \leq L$ は正の値で下からバウンドされるので, 各数列

$$\{\Psi(f^{(m)}, j)\}_{m \in \mathbb{N}}, \quad (\ell < j \leq L)$$

は有界です. したがって

$$\limsup_{m \to \infty} W_\Psi(q, f^{(m)})$$
$$= \limsup_{m \to \infty} \left\{ \sum_{j=\ell+1}^{L} q_j^{(m)} \Psi(f^{(m)}, j) + \sum_{j=\ell+1}^{L} (q_j - q_j^{(m)}) \Psi(f^{(m)}, j) \right\}$$
$$= \limsup_{m \to \infty} \sum_{j=\ell+1}^{L} q_j^{(m)} \Psi(f^{(m)}, j)$$

が成り立ちます. 以上より

$$\limsup_{m \to \infty} W_\Psi(q, f^{(m)}) \leq W_\Psi^*(q)$$

となる $q \in \Lambda_\mathcal{Y}$ と点列 $f^{(m)}$ が存在します. また $q^{(m)}$ と $f^{(m)}$ の選び方から, $q_{y'} \leq \max_y q_y - \varepsilon$ と $f_{y'}^{(m)} = \max_y f_y^{(m)}$ が成り立ちます. これは Ψ が判別

適合的である仮定に矛盾します．したがって，式 (7.14) が成り立つことが分かります． □

以下，定理 7.5 を証明します．

定理 7.5 の証明． 補題 7.14 より $\varepsilon > 0$ に対して $H(\varepsilon) > 0$ となります．また $\Delta \ell$ の定義より，$0 \leq \varepsilon \leq 1$ に対して $H(\varepsilon) < \infty$ となり，$\varepsilon > 1$ に対して $H(\varepsilon) = \infty$ となります．よって，補題 7.12 の 2 の条件を満たす直線 $a\varepsilon + b, a > 0$ が存在します．これより，$H(\varepsilon)$ の凸包 $\zeta_*(\varepsilon)$ は $\varepsilon \in (0,1]$ で $0 < \zeta_*(\varepsilon) < \infty$ となり，また凸性より $0 < \varepsilon < 1$ で連続です．次に $\zeta_*(\varepsilon)$ は $\varepsilon = 0$ で連続となること示します．凸性と $\zeta_*(0) = 0$ より，任意の $\alpha \in (0,1)$ と $\varepsilon' \in (0,1)$ に対して

$$0 < \zeta_*(\alpha \varepsilon') \leq (1-\alpha)\zeta_*(0) + \alpha \zeta_*(\varepsilon') = \alpha \zeta_*(\varepsilon') \tag{7.15}$$

となります．極限 $\alpha \to 0$ を考えると，$\lim_{\varepsilon \searrow 0} \zeta_*(\varepsilon) = 0 (= \zeta_*(0))$ が得られます．また $\zeta_*(\varepsilon)$ は $\zeta_*(\varepsilon) < \infty$ の範囲で狭義単調増加です．なぜなら，$\alpha \in (0,1), \varepsilon > 0$ に対して (7.15) と同様にして

$$0 < \zeta_*(\alpha \varepsilon) \leq \alpha \zeta_*(\varepsilon) < \zeta_*(\varepsilon)$$

となるからです．定理の仮定から，$q_y(X) = P(Y = y|X)$ とおくと

$$\mathbb{E}_X[\Delta W_\Psi(q(X), f^{(m)}(X))] \to 0 \quad (m \to \infty)$$

となります．補題 7.12 の 3 と ζ_* の狭義単調増加性，0 の近傍での連続性から

$$\mathbb{E}_X[\Delta \ell(q(X), h_{f^{(m)}(X)})] \to 0 \quad (m \to \infty)$$

となり，したがって定理の主張が成り立ちます． □

Appendix A

付録A 確率不等式

本書で用いる確率不等式を紹介します.

イェンセンの不等式やマルコフの不等式については文献 [11] を参照してください.

補題 A.1（ヘフディングの補題 (Hoeffding's lemma)） 確率変数 X が $\mathbb{E}[X] = 0$, $a \leq X \leq b$ を満たすとき，任意の $t > 0$ に対して

$$\mathbb{E}[e^{tX}] \leq e^{t^2(a-b)^2/8}$$

が成り立ちます.

証明. 区間 $[a, b]$ 上で指数関数 e^{tx} を1次式で上からバウンドすると，

$$e^{tx} \leq \frac{x-a}{b-a}e^{tb} + \frac{b-x}{b-a}e^{ta}$$

となります. したがって $a \leq X \leq b$ と $\mathbb{E}[X] = 0$ を満たす確率変数に対して

$$\mathbb{E}[e^{tX}] \leq \frac{-a}{b-a}e^{tb} + \frac{b}{b-a}e^{ta}$$

が成り立ちます. ここで $p = \dfrac{-a}{b-a}$ $(0 \leq p \leq 1)$, $u = t(b-a)$ とおくと

$$\frac{-a}{b-a}e^{tb} + \frac{b}{b-a}e^{ta} = pe^{(1-p)u} + (1-p)e^{-pu}$$

となります. 以下で, $0 \leq p \leq 1$ と任意の $u \geq 0$ に対して

$$pe^{(1-p)u} + (1-p)e^{-pu} \leq e^{u^2/8} \tag{A.1}$$

となることを示します．$\phi(u) = \log[pe^{(1-p)u} + (1-p)e^{-pu}]$ とおくと

$$\phi(0) = 0, \quad \phi'(0) = 0,$$
$$\phi''(u) = \frac{1-p}{1-p+pe^u} \cdot \frac{pe^u}{1-p+pe^u}$$
$$= \frac{1-p}{1-p+pe^u} \cdot \left(1 - \frac{1-p}{1-p+pe^u}\right) \leq \frac{1}{4}$$

となります．テイラーの定理より，$0 \leq v \leq u$ となる v が存在して

$$\phi(u) = \phi(0) + u\phi'(0) + \frac{u^2}{2}\phi''(v) \leq \frac{u^2}{8}$$

となるので，(A.1) が成り立ちます． □

補題 A.2 (ヘフディングの不等式) 確率変数 $X_1, \ldots, X_n$ は独立に同一の分布にしたがい，X_i は確率 1 で有界区間 $[a_i, b_i]$ に値をとるとします．$S = \sum_{i=1}^{n} X_i$ とすると，任意の $\varepsilon > 0$ に対して

$$\Pr(S - \mathbb{E}[S] \geq \varepsilon) \leq \exp\left\{-\frac{2\varepsilon^2}{\sum_{i=1}^{n}(b_i - a_i)^2}\right\},$$
$$\Pr(S - \mathbb{E}[S] \leq -\varepsilon) \leq \exp\left\{-\frac{2\varepsilon^2}{\sum_{i=1}^{n}(b_i - a_i)^2}\right\}$$

が成り立ちます．

証明． マルコフの不等式とヘフディングの補題を使います．正値パラメータ $t > 0$ を導入して上界を以下のように導出します．

$$\Pr(S - \mathbb{E}[S] \geq \varepsilon) = \Pr(e^{t(S-\mathbb{E}[S])} \geq e^{t\varepsilon})$$
$$\leq e^{-t\varepsilon}\mathbb{E}[e^{t(S-\mathbb{E}[S])}] \quad \text{(マルコフの不等式)}$$
$$= e^{-t\varepsilon}\prod_{i=1}^{n}\mathbb{E}[e^{t(X_i - \mathbb{E}[X_i])}]$$
$$\leq e^{-t\varepsilon}e^{t^2\sum_{i=1}^{n}(b_i-a_i)^2/8}. \quad \text{(ヘフディングの補題)}$$

上の不等式は任意の $t > 0$ で成り立つので，上界が最小になるように

$t = 4\varepsilon / \sum_{i=1}^{n}(b_i - a_i)^2 > 0$ とおくと

$$\Pr(S - \mathbb{E}[S] \geq \varepsilon) \leq \exp\bigl\{-2\varepsilon^2 / \sum_{i=1}^{n}(b_i - a_i)^2\bigr\}$$

が得られます．2番目の不等式も同様に得られます． □

補題 A.3 (マサールの補題) $A \subset \mathbb{R}^m$ を有限集合とし，$\|x\|$ を $x \in \mathbb{R}^m$ の 2-ノルム (ユークリッドノルム) として $r = \max_{x \in A} \|x\|$ とおきます．また $\sigma_1, \ldots, \sigma_m$ を独立に $\{+1, -1\}$ 上の一様分布にしたがう確率変数とします．このとき

$$\mathbb{E}_\sigma \left[\frac{1}{m} \sup_{x \in A} \sum_{i=1}^{m} \sigma_i x_i \right] \leq \frac{r\sqrt{2 \log |A|}}{m}$$

が成立します．ここで x_i は $x \in \mathbb{R}^m$ の第 i 成分を表します．

証明． 任意の $t > 0$ に対して，指数関数の凸性とイェンセンの不等式より，

$$\exp\Bigl\{\mathbb{E}_\sigma\Bigl[t \sup_{x \in A} \sum_{i=1}^{m} \sigma_i x_i\Bigr]\Bigr\} \leq \mathbb{E}_\sigma\Bigl[\exp\Bigl\{t \sup_{x \in A} \sum_{i=1}^{m} \sigma_i x_i\Bigr\}\Bigr]$$

$$\leq \sum_{x \in A} \mathbb{E}_\sigma\Bigl[\exp\Bigl\{t \sum_{i=1}^{m} \sigma_i x_i\Bigr\}\Bigr]$$

$$= \sum_{x \in A} \prod_{i=1}^{m} \mathbb{E}_{\sigma_i}\bigl[\exp\{t \sigma_i x_i\}\bigr] \qquad (\text{A.2})$$

が成り立ちます．最後の等式は $\sigma_1, \ldots, \sigma_m$ の独立性を用いました．ヘフディングの補題 (補題 A.1) を用いると

$$\mathbb{E}_{\sigma_i}\bigl[\exp\{t\sigma_i x_i\}\bigr] \leq e^{t^2(2x_i)^2/8}$$

より (A.2) は $|A|e^{t^2 r^2 / 2}$ で上から抑えられます．このようにして得られる上界の対数を t で割ると

$$\mathbb{E}_\sigma\Bigl[\sup_{x \in A} \sum_{i=1}^{m} \sigma_i x_i\Bigr] \leq \frac{tr^2}{2} + \frac{\log |A|}{t}$$

となり，

を代入して

$$\mathbb{E}_\sigma \left[\sup_{x \in A} \sum_{i=1}^m \sigma_i x_i \right] \le r\sqrt{2\log|A|}$$

が得られます．両辺を m で割って所望の不等式が得られます． □

次にマクダイアミッドの不等式を導出します．そのために，まずアズマの不等式を導出します．

補題 A.4 (アズマの不等式 (Azuma's inequality)) 確率変数 $X_i, Z_i, V_i, i = 1,\ldots,n$ に対して，V_i は $X_1,\ldots,X_i$ の関数として表すことができ，$\mathbb{E}[V_i|X_1,\ldots,X_{i-1}] = 0$ が成り立つとします．また Z_i は $X_1,\ldots,X_{i-1}$ の関数として表すことができ，定数 $c_1,\ldots,c_n$ が存在して $Z_i \le V_i \le Z_i + c_i$ が成り立つとします．このとき任意の $\varepsilon > 0$ に対して

$$\Pr\left(\sum_{i=1}^n V_i \ge \varepsilon\right) \le \exp\left\{-\frac{2\varepsilon^2}{\sum_{i=1}^n c_i^2}\right\},$$

$$\Pr\left(\sum_{i=1}^n V_i \le -\varepsilon\right) \le \exp\left\{-\frac{2\varepsilon^2}{\sum_{i=1}^n c_i^2}\right\}$$

が成り立ちます．

証明． 部分和 $\sum_{i=1}^k V_i$ を S_k とおきます．ヘフディングの不等式の証明と同様に，正値パラメータ t を導入して上界を求めます．以下で $t = 4\varepsilon/\sum_{i=1}^n c_i^2 > 0$ とおくと

$$\begin{aligned}
\Pr(S_n \ge \varepsilon) &\le e^{-t\varepsilon}\mathbb{E}[e^{tS_n}] \\
&= e^{-t\varepsilon}\mathbb{E}_{X_1,\ldots,X_{n-1}}[e^{tS_{n-1}}\mathbb{E}_{X_n}[e^{tV_n}|X_1,\ldots,X_{n-1}]] \\
&\le e^{-t\varepsilon}\mathbb{E}_{X_1,\ldots,X_{n-1}}[e^{tS_{n-1}}]e^{t^2 c_n^2/8} \quad \text{(ヘフディングの補題)} \\
&\le e^{-t\varepsilon}e^{t^2 \sum_{i=1}^n c_i^2/8} \\
&= e^{-2\varepsilon^2/\sum_{i=1}^n c_i^2}
\end{aligned}$$

となります．同様にして 2 番目の不等式が得られます． □

補題 A.5 (マクダイアミッドの不等式) 集合 $\mathcal{X}$ に値をとる独立な確率変数を $X_1,\ldots,X_n$ とします. また関数 $f:\mathcal{X}^n \to \mathbb{R}$ に対して定数 $c_1,\ldots,c_n$ が存在して,

$$|f(x_1,\ldots,x_{i-1},x_i,x_{i+1},\ldots,x_n) - f(x_1,\ldots,x_{i-1},x'_i,x_{i+1},\ldots,x_n)| \leq c_i,$$
$i=1,\ldots,n$

が任意の $x_1,\ldots,x_n,x'_i \in \mathcal{X}$ に対して成り立つとします. このとき, 次式が成り立ちます.

$$\Pr\bigl(f(X_1,\ldots,X_n) - \mathbb{E}[f(X_1,\ldots,X_n)] \geq \varepsilon\bigr) \leq \exp\left\{-\frac{2\varepsilon^2}{\sum_{i=1}^n c_i^2}\right\},$$

$$\Pr\bigl(f(X_1,\ldots,X_n) - \mathbb{E}[f(X_1,\ldots,X_n)] \leq -\varepsilon\bigr) \leq \exp\left\{-\frac{2\varepsilon^2}{\sum_{i=1}^n c_i^2}\right\}.$$

証明. $f(X_1,\ldots,X_n)$ を $f(S)$ と表します. また $V_1,\ldots,V_n$ を

$$V_k = \mathbb{E}[f(S)|X_1,\ldots,X_k] - \mathbb{E}[f(S)|X_1,\ldots,X_{k-1}]$$

と定義します. ここで V_1 は $\mathbb{E}[f(S)|X_1] - \mathbb{E}[f(S)]$ を表します. 以下で, この V_k が補題 A.4 の仮定を満たすことを示します. 定義から V_k は $X_1,\ldots,X_k$ の関数として表せます. また条件付き期待値の性質から $\mathbb{E}[V_k|X_1,\ldots,X_{k-1}]=0$ を満たします. さらに関数 f に対する仮定より

$$\sup_x \mathbb{E}[f(S)|X_1,\ldots,X_{k-1},x] - \inf_{x'} \mathbb{E}[f(S)|X_1,\ldots,X_{k-1},x']$$
$$= \sup_{x,x'} \{\mathbb{E}[f(S)|X_1,\ldots,X_{k-1},x] - \mathbb{E}[f(S)|X_1,\ldots,X_{k-1},x']\} \leq c_i$$

となります. したがって

$$Z_k = \inf_x \mathbb{E}[f(S)|X_1,\ldots,X_{k-1},x] - \mathbb{E}[f(S)|X_1,\ldots,X_{k-1}]$$

とすれば $X_k,V_k,Z_k,k=1,\ldots,n$ が補題 A.4 の仮定を満たすことが分かります. 以上より, $\sum_{i=1}^n V_i = f(S) - \mathbb{E}[f(S)]$ に対するアズマの不等式から定理の主張が得られます. □

Appendix B

付録B 凸解析と凸最適化

> 凸集合や凸関数などを扱う理論体系である凸解析について紹介し，超平面分離定理や凸関数の連続性の証明を与えます．また，凸最適化問題の強双対性と最適性条件を解説します．

以下，ユークリッド空間における凸解析について説明します．詳細は文献 [14] を参照してください．内積を $\langle x, y \rangle = x^T y$，ノルムを $\|x\| = \sqrt{\langle x, x \rangle}$ とします．集合 S の内点の集合を $\mathrm{int} S$，境界の集合を $\mathrm{bd} S$ とします．また S の閉包を $\mathrm{cl} S$ とします．

B.1 凸集合

$\mathbb{R}^d$ の部分集合 S が，任意の $x_1, x_2 \in S$ と任意の $\alpha \in [0, 1]$ に対して

$$\alpha x_1 + (1 - \alpha) x_2 \in S$$

を満たすとき，S を**凸集合** (convex set) といいます (図 B.1)．S が凸集合のとき，定義より任意の点 $x_1, \ldots, x_k \in \mathbb{R}^d$ と $\sum_{i=1}^k \alpha_i = 1$ を満たす任意の非負実数 $\alpha_1, \ldots, \alpha_k$ に対して

$$\sum_{i=1}^k \alpha_i x_i \in S \tag{B.1}$$

が成り立ちます．また $\sum_{i=1}^k \alpha_i x_i$ を $x_1, \ldots, x_k$ の**凸和** (convex sum) といいます．集合 $S \subset \mathbb{R}^d$ に対して，S を含む最小の凸集合を S の**凸包** (con-

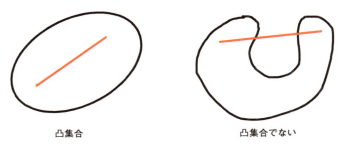

図 B.1　凸集合と非凸集合

vex hull) といい，conv(S) と表します．任意個の凸集合の共通部分は凸集合なので，最小な凸集合が定まります．凸包の定義から，$x_1, \ldots, x_k \in S$ の凸和は conv(S) に含まれます．有限個の点の集合 $S = \{x_1, \ldots, x_n\}$ の凸包は，$x_1, \ldots, x_n$ の凸和の全体と一致します．$\mathbb{R}^d$ 内の $d+1$ 個の点 $V = \{x_0, x_1, \ldots, x_d\} \subset \mathbb{R}^d$ に対して，ベクトル $x_i - x_0, i = 1, \ldots, d$ が線形独立のとき，V は一般の位置にあるといい，conv(V) を d-**単体** (simplex) といいます．

凸集合 S を含む最小のアフィン集合 (線形空間を平行移動したもの) を S の**アフィン包** (affine hull) とよび aff$S$ と表します．アフィン包 aff$S$ から誘導される相対位相に関する内点を**相対的内点** (relative interior) といい，S の相対的内点の集合を ri$S$ と表します．凸集合 S に対して，int$S$, cl$S$, ri$S$ は凸集合です．

凸集合に関する性質を以下に述べます．空でない閉凸集合 (閉集合かつ凸集合) $S \subset \mathbb{R}^d$ のなかで，点 $x \in \mathbb{R}^d$ からの距離が最小となる点を x の S への**射影** (projection) とよび，$P_S(x)$ と表します．すなわち $P_S(x)$ は

$$\|x - P_S(x)\| = \min\{\|x - z\| \mid z \in S\}$$

を満たす S の点です．

定理 B.1 (凸集合の射影定理) 空でない閉凸集合を $S \subset \mathbb{R}^d$ とします．任意の点 $x \in \mathbb{R}^d$ に対して $P_S(x)$ が一意に存在します．また $z \in S$ に対して

$$\langle x - P_S(x), z - P_S(x) \rangle \leq 0$$

が成り立ちます．

定理 B.1 はヒルベルト空間において成立します．詳細は定理 C.7 で述べます．

補題 B.2 空でない凸集合 $S \subset \mathbb{R}^d$ と，$\mathrm{cl}\,S$ に含まれない点 x_0 に対して

$$x \in S \implies \langle a, x \rangle \geq b > \langle a, x_0 \rangle$$

を満たす $a \in \mathbb{R}^d, b \in \mathbb{R}$ が存在します．

補題 B.2 の結果は $x \in \mathrm{cl}\,S$ としても成立します．

証明． 定理 B.1 より，x_0 から $\mathrm{cl}\,S$ への射影 $y = P_{\mathrm{cl}\,S}(x_0)$ が一意に定まり，仮定から $\|x_0 - y\|^2 > 0$ です．また任意の $x \in S$ に対して $\langle x_0 - y, x - y \rangle \leq 0$ より

$$\langle y - x_0, x \rangle \geq \langle y - x_0, y \rangle > \langle y - x_0, x_0 \rangle$$

となります．よって $a = y - x_0, b = \langle y - x_0, y \rangle$ とすれば定理の主張が成り立ちます． □

補題 B.3 空でない凸集合を $S \subset \mathbb{R}^d$，また $x_0 \in \mathrm{bd}\,S$ とします．このとき，

$$x \in S \implies a^T x \geq a^T x_0$$

となる非零ベクトル $a \in \mathbb{R}^d$ が存在します．

証明． $\mathrm{aff}\,S \neq \mathbb{R}^d$ のとき，$\mathrm{aff}\,S$ を含む $d-1$ 次元アフィン超平面は x_0 を含むので，法線ベクトルを a とすると $a^T(x - x_0) = 0$ と表せます．したがって，定理の結論が成り立ちます．

$\mathrm{aff}\,S = \mathbb{R}^d$ の場合を考えます．このとき S は d-単体を含むので $\mathrm{int}\,S \neq \emptyset$ です．S を $-x_0$ だけ平行移動して $x_0 = 0$ と仮定します．このとき $0 \notin \mathrm{int}\,S$ です．集合 A を $A = \bigcup_{\lambda > 0}\{\lambda x | x \in \mathrm{int}\,S\}$ とします．このとき A は凸集合，$\emptyset \neq \mathrm{int}\,S \subset A$，$0 \notin A$，かつ $0 \in \mathrm{cl}\,A$ となります．$\mathbb{R}^d$ の基底 $v_1, \ldots, v_d$ を $\mathrm{int}\,S$ から選ぶことができます．$v = \sum_{i=1}^d v_i$ とすると，$v/d \in \mathrm{int}\,S$ です．

以下で背理法により $-v \notin \mathrm{cl}\,A$ を示します．$-v \in \mathrm{cl}\,A$ と仮定します．$\{x_n\} \subset A$ で $x_n \to -v$ とします．このとき $x_n = \sum_{i=1}^d \lambda_i^{(n)} v_i$ とする

と，$\lambda_i^{(n)} \to -1\,(n \to \infty)$ となります．よって，十分大きな n に対して $\lambda = \sum_{i=1}^d \lambda_i^{(n)} < 0$ となります．したがって，A の凸性から

$$0 = \frac{1}{1-\lambda}x_n + \sum_{i=1}^d \frac{-\lambda_i^{(n)}}{1-\lambda} v_i \in A$$

となり $0 \notin A$ に矛盾します．よって $-v \notin \mathrm{cl}A$ です．補題 B.2 より，$x \in \mathrm{cl}A$ に対して $\langle a, -v \rangle < \langle a, x \rangle$ となる $a \in \mathbb{R}^d, a \neq 0$ が存在します．また $\mathrm{cl}A$ は錐なので $x \in \mathrm{cl}A$ に対して $\langle a, x \rangle \geq 0$ となります．実際，もし $\langle a, x \rangle < 0$ となる $x \in \mathrm{cl}A$ が存在すると，$\lambda > 0$ に対して $\langle a, \lambda x \rangle \to -\infty$ となり，$\langle a, -v \rangle$ より大きいことに矛盾します．$S \subset \mathrm{cl}A$ より $x \in S$ なら $\langle a, x \rangle \geq 0$ となります．これは S を平行移動する前の座標系で $\langle a, x - x_0 \rangle \geq 0$ に対応します． □

上の証明を修正して，$\mathrm{aff}\,S$ の次元によらずに，より強い条件

$$\sup_{x \in S} a^T x > a^T x_0, \quad \inf_{x \in S} a^T x \geq a^T x_0$$

が成り立つような非零ベクトル a の存在を示すことができます．

定理 B.4 (凸集合の**超平面分離定理** (hyperplane separation theorem)) 空でない 2 つの凸集合 $S, T \subset \mathbb{R}^d, S \cap T = \emptyset$ のとき

$$x \in S \implies a^T x \geq b,$$
$$x \in T \implies a^T x \leq b$$

を満たす非零ベクトル $a \in \mathbb{R}^d$ と $b \in \mathbb{R}$ が存在します．

証明． $A = \{x - y \mid x \in S, y \in T\}$ とすると A は凸集合です．仮定より $0 \notin A$ です．$0 \notin \mathrm{cl}A$ のときは補題 B.2, $0 \in \mathrm{bd}A$ のときは補題 B.3 を用いれば結果を得ます． □

B.2 凸関数

本節では，定義域が $D \subset \mathbb{R}^d$ の関数 $f : D \to \mathbb{R}$ に対して，$x \notin D$ のとき

$f(x) = \infty$ として定義域と値域をそれぞれ $\mathbb{R}^d$ と $(-\infty, \infty]$ に拡張した関数を考えます. 関数 $f\colon \mathbb{R}^d \to (-\infty, \infty]$ に対して, 集合

$$\mathrm{dom} f = \{x \in \mathbb{R}^d \mid f(x) < \infty\}$$

を f の **実効定義域** (effective domain) とよびます.

定義 B.5 (**凸関数** (convex function)) 関数 $f\colon \mathbb{R}^d \to (-\infty, \infty]$ が, 任意の $x_1, x_2 \in \mathbb{R}^d$ と任意の $\alpha \in [0, 1]$ に対して

$$f(\alpha x_1 + (1-\alpha)x_2) \leq \alpha f(x_1) + (1-\alpha)f(x_2) \tag{B.2}$$

を満たすとき, f を凸関数といいます.

集合 D 上の実数値関数 $f\colon D \to \mathbb{R}$ を拡張して関数 $\tilde{f}\colon \mathbb{R}^d \to (-\infty, \infty]$ を定義するとき, (B.2) の右辺は, x_1, x_2 のどちらかが D に入っていなければ $\alpha \in (0, 1)$ に対して ∞ になり, (左辺が ∞ になる場合も含めて) 常に成り立つと解釈します. また $\alpha = 0, f(x_1) = \infty$ のときは $0 \times \infty = 0$ として, 自明に成立する式 $f(x_2) \leq f(x_2)$ を表しているとします.

関数 f を凸関数とします. このとき, 定義より任意の点 $x_1, \ldots, x_k \in \mathbb{R}^d$ と $\sum_{i=1}^k \alpha_i = 1$ を満たす任意の非負実数 $\alpha_1, \ldots, \alpha_k$ に対して

$$f\Big(\sum_{i=1}^k \alpha_i x_i\Big) \leq \sum_{i=1}^k \alpha_i f(x_i) \tag{B.3}$$

が成り立ちます. 凸関数の性質から次が成り立ちます.

命題 B.6 1. f が凸関数なら集合 $\{(x, t) \mid x \in \mathbb{R}^d, t \geq f(x)\}$ は $\mathbb{R}^{d+1}$ の凸集合.

2. $f_1, \ldots, f_L$ が凸関数なら, 非負実数 $\alpha_1, \ldots, \alpha_L$ に対して

$$f(x) = \sum_{k=1}^L \alpha_k f_k(x)$$

は凸関数.

3. 任意の添字集合を I, また $\{f_i \mid i \in I\}$ を凸関数の集合とするとき

$$f(x) = \sup_{i \in I}\{f_i(x)\}$$

は凸関数.

凸関数の連続性を証明します.

定理 B.7 (凸関数の連続性 (continuity of convex functions)) 凸関数 $f : \mathbb{R}^d \to (-\infty, \infty]$ に対して,$\operatorname{dom} f$ の内点の集合 $\operatorname{int} \operatorname{dom} f$ は空集合でないとします.このとき,f は $\operatorname{int} \operatorname{dom} f$ 上で連続です.

証明. 任意の $x \in \operatorname{int} \operatorname{dom} f$ に対して,$x \in \operatorname{int} S \subset \operatorname{int} \operatorname{dom} f$ となる d-単体 $S = \operatorname{conv}(\{x_0, \ldots, x_d\})$ が存在します.このとき $y \in S$ は $x_0, \ldots, x_d$ の凸和として

$$y = \sum_{i=0}^{d} \alpha_i x_i, \quad \alpha_i \geq 0, \quad \sum_{i=0}^{d} \alpha_i = 1$$

と表せます.ここで $\mu = \max\{f(x_0), f(x_1), \ldots, f(x_d)\} < \infty$ とおきます.凸関数の定義から

$$f(y) \leq \sum_{i=0}^{d} \alpha_i f(x_i) \leq \mu$$

となります.$x \in \operatorname{int} S$ なので,$B(x, r) = \{x' \in \mathbb{R}^d \mid \|x' - x\| < r\}$ とすると,十分小さな r に対して $B(x, r) \subset S$ となります.そこで,$\varepsilon \in (0, 1)$ に対して $z \in B(x, \varepsilon r)$ をとり $w = x + (z - x)/\varepsilon$ とすると,$w \in B(x, r)$ より $w \in S$ となります.よって,$z = (1 - \varepsilon)x + \varepsilon w$ より,

$$f(z) \leq (1 - \varepsilon)f(x) + \varepsilon f(w) \leq (1 - \varepsilon)f(x) + \varepsilon \mu$$

から $f(z) - f(x) \leq \varepsilon(\mu - f(x))$ となります.一方,x を

$$x = \frac{\varepsilon}{1 + \varepsilon}(2x - w) + \frac{1}{1 + \varepsilon} z$$

と表すと,$\|(2x - w) - x\| = \|x - w\| < r$ より $2x - w \in S$ となるので,

$$f(x) \leq \frac{\varepsilon}{1 + \varepsilon} \mu + \frac{1}{1 + \varepsilon} f(z)$$

となります.この不等式は $f(x) - f(z) \leq \varepsilon(\mu - f(x))$ と等価です.以上より $\|z - x\| < \varepsilon r$ のとき

$$|f(x) - f(z)| \leq \varepsilon(\mu - f(x))$$

が成立します．任意の $\varepsilon \in (0,1)$ に対して成立するので，f は $x \in \operatorname{int} \operatorname{dom} f$ で連続です． $\square$

実効定義域 $\operatorname{dom} f$ が内点をもたない場合は相対的内点を考えます．たとえば凸関数 $f(x)$ の実効定義域が確率単体 $\Delta = \{x \in \mathbb{R}^d | x_i \geq 0, \sum_{i=1}^d x_i = 1\}$ のとき，Δ の相対的内点 $\{x \in \mathbb{R}^d \,|\, x_i > 0, \sum_{i=1}^d x_i = 1\}$ 上で $f(x)$ は連続です．

定理 B.8 凸関数 $f : \mathbb{R}^d \to (-\infty, \infty]$ に対して，$\operatorname{dom} f = \mathbb{R}^d$ とします．このとき任意の点 $x_0 \in \mathbb{R}^d$ において，$f(x_0) = a^T x_0 + b$ と

$$x \in \mathbb{R}^d \implies f(x) \geq a^T x + b$$

を満たす $a \in \mathbb{R}^d, b \in \mathbb{R}$ が存在します．また，関数 $f(x)$ が微分可能なら $g(x) = a^T x + b$ は $x = x_0$ での $f(x)$ の接超平面です．

証明． 関数 f に対して $A = \{(x,t) \in \mathbb{R}^{d+1} \,|\, x \in \mathbb{R}^d, f(x) \leq t\}$ とします．このとき関数 f の凸性から A は $\mathbb{R}^{d+1}$ の凸集合となります．点 $x_0 \in \mathbb{R}^d$ をとると，任意の $\delta > 0$ に対して $(x_0, f(x_0) + \delta) \in A$, かつ $(x_0, f(x_0) - \delta) \notin A$ となるので，$(x_0, f(x_0))$ は A の境界上の点です．したがって凸集合の支持超平面定理 (補題 B.3) より $(a, a_0) \in \mathbb{R}^{d+1}, (a, a_0) \neq 0$ が存在して

$$(x,t) \in A \implies a^T x + a_0 t \geq a^T x_0 + a_0 f(x_0)$$

となります．ここで $t \geq f(x)$ となる任意の t で上式が成立するので，$a_0 \geq 0$ でなければなりません．もし $a_0 = 0$ なら，任意の $x \in \mathbb{R}^d$ で $a^T(x - x_0) \geq 0$ となるので $a = 0$ となりますが，これは $(a, a_0) \neq 0$ の条件に矛盾します．以上より $a_0 > 0$ となります．ここで，とくに $t = f(x)$ とおくと，任意の $x \in \mathbb{R}^d$ に対して不等式

$$f(x) \geq -\frac{1}{a_0} a^T (x - x_0) + f(x_0)$$

が成り立ちます．

後半を示します．関数 f は x_0 で微分可能とします．凸性から，任意の $x \in \mathbb{R}^d$ と $\alpha \in (0,1)$ に対して

$$f(x) - f(x_0) \geq \frac{f(x_0 + \alpha(x - x_0)) - f(x_0)}{\alpha}$$

となります.極限 $\alpha \to 0$ を考えると,$f(x)$ の勾配を $\nabla f(x)$ として

$$f(x) - f(x_0) \geq \nabla f(x_0)^T (x - x_0)$$

となります.よって任意の $x \in \mathbb{R}^d$ に対して

$$f(x) \geq \nabla f(x_0)^T (x - x_0) + f(x_0)$$

が成り立ちます. □

B.3 凸最適化

機械学習では,凸関数を凸集合上で最小化する問題がよく現れます.関数 $h_j(x), j = 1, \ldots, m$ と $f(x)$ を凸関数とします.制約条件 $h_j(x) \leq 0, j = 1, \ldots, m$ を満たす集合上で $f(x)$ を最小化する問題を

$$\min_{x \in \mathbb{R}^d} f(x) \quad \text{subject to } h_j(x) \leq 0, \ j = 1, \ldots, m \quad \text{(B.4)}$$

と表します.この問題を**主問題** (primal problem) といいます.関数 $f(x)$ を**目的関数** (objective function) とよびます.「subject to」以降が制約条件です.本節では,簡単のため等式制約は扱わず,不等式制約のみを考えます.

制約条件を満たす集合 $D = \{x \in \mathbb{R}^d | h_j(x) \leq 0, j = 1, \ldots, m\}$ を問題 (B.4) の**実行可能領域** (feasible region) といい,D の要素を**実行可能解** (feasible solution) といいます.D が空でないとき,問題 (B.4) は**実行可能** (feasible) といいます.いま,関数 $h_j(x)$ は凸関数なので,D は凸集合です.

問題 (B.4) に対応する**ラグランジュ関数** (Lagrange function) $L : \mathbb{R}^d \times \mathbb{R}^m \to \mathbb{R}$ を

$$L(x, \lambda) = f(x) + \sum_{j=1}^{m} \lambda_j h_j(x)$$

と定義します.ここで $\lambda = (\lambda_1, \ldots, \lambda_m)$ としています.このとき問題 (B.4) は

と表せます．ここで $\lambda \geq 0$ はベクトル $\lambda \in \mathbb{R}^m$ の各要素がすべて非負であることを意味します．主問題に対する**双対問題** (dual problem) は，(B.5) の min と max を入れ替えて

$$\max_{\lambda \geq 0} \min_{x \in \mathbb{R}^d} L(x, \lambda) \tag{B.5}$$

$$\max_{\lambda \geq 0} \min_{x \in \mathbb{R}^d} L(x, \lambda) \tag{B.6}$$

と定義されます．このとき，次の**弱双対性** (weak duality) が成り立つことが分かります．

$$\max_{\lambda \geq 0} \min_{x \in \mathbb{R}^d} L(x, \lambda) \leq \min_{x \in \mathbb{R}^d} \max_{\lambda \geq 0} L(x, \lambda) \tag{B.7}$$

さらに等号が成り立つとき，**強双対性** (strong duality) が成り立つといいます．このとき，主問題の代わりに双対問題を解くことで，主問題の最適値や最適解に関する情報を得ることができます．

強双対性が成立するための条件を以下に示します．

定理 B.9 (ミニマックス定理) 問題 (B.4) において，

$$h_j(\widetilde{x}) < 0, \quad j = 1, \ldots, m \tag{B.8}$$

を満たす実行可能解 $\widetilde{x}$ が存在するとき，強双対性が成り立ちます．

条件 (B.8) をスレイター制約想定といいます．ラグランジュ関数において x に関する最小化と λ に関する最大化を入れ替えても値が同じになることから，この定理をミニマックス定理とよびます．より一般に関数 $L(x, \lambda)$ が x に関して凸関数，λ に関して凹関数のとき，適当な条件のもとでミニマックス定理が成り立ちます．

証明． 主問題と双対問題の最適値をそれぞれ

$$p^* = \min_{x \in \mathbb{R}^d} \max_{\lambda \geq 0} L(x, \lambda), \quad d^* = \max_{\lambda \geq 0} \min_{x \in \mathbb{R}^d} L(x, \lambda)$$

とします．集合 A を

$$A = \{(u, t) \in \mathbb{R}^m \times \mathbb{R} \mid u \geq h(x), t \geq f(x) \text{ となる } x \in \mathbb{R}^d \text{ が存在}\}$$

とすると，A は凸集合となります．このとき
$$p^* = \min\{t \in \mathbb{R} | (0,t) \in A\}$$
です．スレイター制約想定より上記問題は実行可能なので $p^* < \infty$ となります．$p^* = -\infty$ なら弱双対性より $d^* = -\infty$ となるので，$p^* \in \mathbb{R}$ と仮定します．集合 B を
$$B = \{(0, t') \in \mathbb{R}^m \times \mathbb{R} \,|\, t' < p^*\}$$
とすると，B は凸集合で $A \cap B = \emptyset$ となります．凸集合の超平面分離定理 (定理 B.4) より
$$(u,t) \in A, \ (u',t') \in B \implies a^T u + a_0 t \geq a^T u' + a_0 t'$$
となる $(a, a_0) \neq 0$ が存在します．集合 A の定義から (u,t) は任意に大きな値をとれるため，$(a, a_0) \geq 0$ でなければなりません．したがって任意の $x \in \mathbb{R}^d$ に対して
$$a^T h(x) + a_0 f(x) \geq a_0 p^*$$
となります．もし $a_0 = 0$ なら $a^T h(x) \geq 0$ となり，また仮定より $h(\widetilde{x}) < 0$ となる $\widetilde{x}$ が存在するので $a = 0$ となります．これは $(a, a_0) \neq 0$ に矛盾します．したがって $a_0 > 0$ が得られ，$x \in \mathbb{R}^d$ に対して
$$a^T h(x)/a_0 + f(x) \geq p^*$$
となります．したがって，ラグランジュ関数 $L(x, \lambda)$ を用いると
$$\min_{x \in \mathbb{R}^d} L(x, a/a_0) \geq p^*$$
となるので，$d^* \geq p^*$ が得られます．弱双対性と合わせて $d^* = p^*$ が成り立ちます． □

主問題 (B.4) の最適性条件を示します．凸関数 $f(x)$, $h_j(x)$, $j = 1, \ldots, m$ は $\mathbb{R}^d$ 上で微分可能とし，変数 x に関する勾配を ∇ で表します．主問題の最適値 p^* は最適解 x^* で達成され，また双対問題では $\min_{x \in \mathbb{R}^d} L(x, \lambda)$ の最大値が $\lambda^* \geq 0$ で達成されるとします．強双対性の仮定のもとで

$$L(x^*, \lambda^*) \leq \max_{\lambda \geq 0} L(x^*, \lambda) = \min_{x \in \mathbb{R}^d} L(x, \lambda^*) \leq L(x^*, \lambda^*) \tag{B.9}$$

となるので，主問題と双対問題の共通の最適値は $L(x^*, \lambda^*)$ となります．よって x^* は凸関数 $x \mapsto L(x, \lambda^*)$ の最適解となり，

$$\nabla L(x^*, \lambda^*) = 0$$

が成り立ちます．また

$$L(x^*, \lambda^*) = f(x^*) + \max_{\lambda \geq 0} \sum_{j=1}^{m} \lambda_j h_j(x^*)$$

と $h_j(x^*) \leq 0$ より

$$\lambda_j^* h_j(x^*) = 0, \quad j = 1, \ldots, m$$

となります．最適解 x^*, λ^* が満たす式を以下に列挙します．これらを，提案者ら (Karush, Kuhn, Tucker) の頭文字をとって **KKT 条件** (KKT conditions) とよびます．

$$\begin{aligned}
\text{極値条件：} & \quad \nabla f(x^*) + \sum_{j=1}^{m} \lambda_j^* \nabla h_j(x^*) = 0, \\
\text{主問題の制約式：} & \quad h_j(x^*) \leq 0, \quad j = 1, \ldots, m, \\
\text{双対問題の制約式：} & \quad \lambda_j^* \geq 0, \quad j = 1, \ldots, m, \\
\text{相補性条件：} & \quad \lambda_j^* h_j(x^*) = 0, \quad j = 1, \ldots, m.
\end{aligned}$$

また凸最適化問題において KKT 条件を満たす点 x^* は，主問題 (B.4) の最適解です．以下でこれを示します．定理 B.8 から $x \in \mathbb{R}^d$ に対して $L(x, \lambda^*) \geq L(x^*, \lambda^*)$ となります．したがって，主問題 (B.4) の実行可能解 x に対して

$$f(x^*) = L(x^*, \lambda^*) \leq L(x, \lambda^*) = f(x) + \sum_{j=1}^{m} \lambda_j^* h_j(x) \leq f(x)$$

となります．

Appendix C

付録C 関数解析の初歩

まずルベーグ積分における優収束定理を紹介します．次に $\mathbb{R}$ 上の線形空間としてバナッハ空間とヒルベルト空間を定義します．最後にヒルベルト空間における射影定理の証明を与えます．

C.1　ルベーグ積分

可測関数に対するルベーグの優収束定理を紹介します．**可測関数** (measurable function) とは，積分や期待値を定義することができる関数のことです[*1]．詳細は文献 [12] を参照してください．

定理 C.1（確率空間におけるルベーグの優収束定理 (Lebesgue's dominated convergence theorem)） Q を集合 $\mathcal{X}$ 上の確率分布とし，$\mathcal{X}$ 上の可測関数の列 $\{f_n\}_{n\in\mathbb{N}}$ が次の 2 つの条件を満たすとします．

1. 関数 $f : \mathcal{X} \to \mathbb{R}$ が存在して，各点 $x \in \mathcal{X}$ において $\lim_{n\to\infty} f_n(x) = f(x)$.
2. 関数 $g : \mathcal{X} \to \mathbb{R}$ が存在して，任意の $x \in \mathcal{X}$ に対して

$$\sup_{n\in\mathbb{N}} |f_n(x)| \leq g(x), \quad \text{かつ} \quad \mathbb{E}_{X\sim Q}[g(X)] < \infty.$$

このとき

$$\lim_{n\to\infty} \mathbb{E}_{X\sim Q}[f_n(X)] = \mathbb{E}_{X\sim Q}[f(X)]$$

[*1] 積分値が $\pm\infty$ になる場合も含めています．

が成り立ちます.

上の定理は,極限と期待値 (積分) が交換可能であることを示しています.とくに,$\sup_{n\in\mathbb{N}}|f_n(x)|$ が $\mathcal{X}$ 上の定数関数で抑えられるとき,定理の結果が成り立ちます.

C.2 ノルム空間・バナッハ空間

定義 C.2 (ノルム空間 (normed vector space)) 線形空間 V 上で定義され,実数値をとる関数 $\|\cdot\|: V \to \mathbb{R}$ が以下の性質を満たすとき,V の**ノルム** (norm) といい,ノルムが定義された線形空間をノルム空間といいます.

1. $x \in V$ に対して $\|x\| \geq 0$,とくに $\|x\| = 0$ なら $x = 0$.
2. $a \in \mathbb{R}, x \in V$ なら $\|ax\| = |a|\|x\|$.
3. 三角不等式:$x, y \in V$ のとき $\|x + y\| \leq \|x\| + \|y\|$.

三角不等式はノルムが V 上で凸関数であることを意味します.V の点列 ($\mathbb{N}$ から V への写像) を $\{x_n\}_{n\in\mathbb{N}}$ または $\{x_n\}$ と表します.V の点列 $\{x_n\}$ に対して $x \in V$ が存在して $\lim_{n\to\infty}\|x_n - x\| = 0$ となるとき,$\lim_{n\to\infty} x_n = x$ と表し,$\{x_n\}$ は x に**収束する**といい,x を $\{x_n\}$ の**極限**といいます.点列が収束するなら極限は一意に定まります.点列 $\{x_n\}$ が $\lim_{n,m\to\infty}\|x_n - x_m\| = 0$ を満たすとき,**コーシー列** (Cauchy sequence) とよびます.任意のコーシー列が極限をもつ性質を**完備性** (completeness) といい,完備性をもつノルム空間 V をバナッハ空間とよびます.完備性は収束性を議論するために必須の性質です.

代表的なバナッハ空間として p 乗可積分な可測関数の集合を定義します.測度論を用いた厳密な説明については文献 [12] を参照してください.集合 $\mathcal{X}$ 上の可測関数 $f: \mathcal{X} \to \mathbb{R}$ と $\mathcal{X}$ 上の確率分布 Q に対して,

$$\|f\|_{Q,p} = (\mathbb{E}_{X \sim Q}[|f(X)|^p])^{1/p}$$

と定めます.以下,分布 Q を省略して $\|f\|_p$ と表記します.可測関数 f が $\|f\|_p < \infty$ を満たすとき p 乗可積分といい,そのような可測関数の全体を $L_p(Q)$ と表します.$\|f\|_p = 0$ のとき f は $\mathcal{X}$ 上ほとんどいたるところ 0 をとる関数ですが,$f = 0$ (零関数) とは限りません.よって $L_p(Q)$ は線形空間で

すが，ノルム空間やバナッハ空間にはなりません．$L_p(Q)$ からバナッハ空間を構成するために，関数 $f, g \in L_p(Q)$ について，$\mathbb{E}_{X \sim Q}[\mathbf{1}[f(X) \neq g(X)]] = 0$ のとき f と g を同値とする同値関係を考えます．その同値関係で $L_p(Q)$ を割った空間は，(同値類に対して定義した) $\|\cdot\|_p$ をノルムとするバナッハ空間になります．

$L_p(Q)$ について次の定理が成り立ちます．

定理 C.3 集合 $\mathcal{X}$ はコンパクトと仮定し，$\mathcal{X}$ 上の連続関数の集合を $C(\mathcal{X})$ とします．このとき任意の $f \in L_p(Q)$ と任意の $\varepsilon > 0$ に対して，$\|f - g\|_p < \varepsilon$ となる $g \in C(\mathcal{X})$ が存在します[*2]．

定理 C.4 (リース・フィッシャーの定理 (Riesz-Fischer's theorem)) 関数列 $\{f_n\}_{n \in \mathbb{N}} \subset L_p(Q)$ は

$$\lim_{n, m \to \infty} \|f_n - f_m\|_p = 0$$

を満たすとします．このとき $f \in L_p(Q)$ が存在して $\lim_{n \to \infty} \|f_n - f\|_p = 0$ となります．また部分列 $\{f_{n_k}\}_{k \in \mathbb{N}}$ が存在して，分布 Q のもとで確率 1 で

$$\lim_{k \to \infty} f_{n_k}(x) = f(x)$$

となります．

前述のように $\|\cdot\|_p$ は $L_p(Q)$ 上のノルムではないので，リース・フィッシャーの定理は $L_p(Q)$ が完備性をもつことを示しているわけではありません．詳細は文献 [12] の第 10 章を参照してください．4.6 節で，主に $p = 1$ の場合の結果を用います．

C.3 内積空間・ヒルベルト空間

定義 C.5 (内積空間 (inner product space)) 線形空間 V に対して $V \times V$ 上で定義された実数値関数

$$x, y \in V \longmapsto \langle x, y \rangle \in \mathbb{R}$$

[*2] コンパクト集合 $\mathcal{X}$ から定まるボレル集合族上の任意の確率測度 Q について成立します．

が次の性質を満たすとき，V 上の**内積** (inner product) といいます．

1. $x \in V$ に対して $\langle x, x \rangle \geq 0$, とくに $\langle x, x \rangle = 0$ なら $x = 0$.
2. $x, y \in V$ に対して $\langle x, y \rangle = \langle y, x \rangle$.
3. $x, y, z \in V$ と $a, b \in \mathbb{R}$ に対して $\langle ax + by, z \rangle = a\langle x, z \rangle + b\langle y, z \rangle$.

任意の $t \in \mathbb{R}$ と $x, y \in V$ に対して $\langle x + ty, x + ty \rangle \geq 0$ となるので，t の 2 次式に関する判別式は非正です．これより**コーシー・シュワルツの不等式** (Cauchy-Schwarz inequality)

$$|\langle x, y \rangle|^2 \leq \langle x, x \rangle \langle y, y \rangle$$

が得られます．コーシー・シュワルツの不等式を使うと，$\|x\| = \langle x, x \rangle^{1/2}$ がノルムの性質を満たすことが分かります．このノルムを内積から定義されるノルムとよびます．

定義 C.6 (ヒルベルト空間) 内積から定義されるノルムに関して完備性を満たす内積空間 $(V, \langle \cdot, \cdot \rangle)$ をヒルベルト空間とよびます．

以下にヒルベルト空間の例を示します．例 C.1, C.2 は，4.3.4 節でヒルベルト空間と再生核ヒルベルト空間の関連を調べるために用いています．

例 C.1 条件 $\sum_{k=1}^{\infty} |x_k|^2 < \infty$ を満たす数列 $\{x_k\}_{k \in \mathbb{N}} \subset \mathbb{R}$ の集合を ℓ^2 と表します．ℓ^2 に属する $x = \{x_k\}, y = \{y_k\}$ に対して

$$\langle x, y \rangle = \sum_{k=1}^{\infty} x_k y_k$$

とすると，$(\ell^2, \langle \cdot, \cdot \rangle)$ はヒルベルト空間です．

証明． 明らかに ℓ^2 は内積空間です．以下，完備性を証明します．内積から定義されるノルムを $\|\cdot\|$ とします．

いま，$x^{(n)} = \{x_k^{(n)}\}_{k \in \mathbb{N}} \in \ell^2$ $(n = 1, 2, \ldots)$ をコーシー列とします．三角不等式より $|\|x^{(n)}\| - \|x^{(m)}\|| \leq \|x^{(n)} - x^{(m)}\|$ となるので，$\{\|x^{(n)}\|\}_{n \in \mathbb{N}} \subset \mathbb{R}$ はコーシー列になり，実数の完備性から $\{\|x^{(n)}\|\}$ は極限をもちます．とくに $\{\|x^{(n)}\|\}$ は有界となり，$M > 0$ が存在して任意の n に対して $\|x^{(n)}\| < M$ と

なります.また $|x_k^{(n)} - x_k^{(m)}| \leq \|x^{(n)} - x^{(m)}\|$ より,各 k に対して $\{x_k^{(n)}\}_{n \in \mathbb{N}}$ はコーシー列です.したがって実数の完備性より $\lim_{n \to \infty} x_k^{(n)} = x_k^*$ となる x_k^* が存在します.ここで数列 x^* を $x^* = \{x_k^*\}_{k \in \mathbb{N}}$ とします.任意の n と K に対して $\sum_{k=1}^{K} |x_k^{(n)}|^2 \leq \|x^{(n)}\| < M^2$ となります.ここで $n \to \infty$ とすると $\sum_{k=1}^{K} |x_k^*|^2 \leq M^2$ となり,さらに $K \to \infty$ として $\|x^*\|^2 \leq M^2$ となるため $x^* \in \ell^2$ となることが分かります.

次に $\{x^{(n)}\}$ が x^* に収束することを示します.任意の $\varepsilon > 0$ に対して $N \in \mathbb{N}$ が存在して,$n, m > N$ に対して $\|x^{(n)} - x^{(m)}\|^2 < \varepsilon^2$ となります.このとき,任意の $K \in \mathbb{N}, n, m > N$ に対して $\sum_{k=1}^{K} |x_k^{(n)} - x_k^{(m)}|^2 < \varepsilon^2$ となります.ここで $m \to \infty$ として $\sum_{k=1}^{K} |x_k^{(n)} - x_k^*|^2 < \varepsilon^2$ となり,さらに $K \to \infty$ とすると $\|x^{(n)} - x^*\|^2 < \varepsilon^2$ を得ます.これは $\lim_{n \to \infty} x^{(n)} = x^*$ を意味します. □

例 C.2 集合 X 上で,条件

$$\sum_{x \in X} |f(x)|^2 < \infty$$

を満たす実数値関数 f の全体を $\ell^2(X)$ とします.定義より $f(x) \neq 0$ となる $x \in X$ は高々可算個です.$f, g \in \ell^2(X)$ に対して

$$\langle f, g \rangle = \sum_{x \in X} f(x)g(x)$$

とすると,$(\ell^2(X), \langle \cdot, \cdot \rangle)$ はヒルベルト空間です.ここで和 $\sum_{x \in X}$ は $f(x)g(x) \neq 0$ となる x 上でとります.

証明. $\{f^{(n)}\}_{n \in \mathbb{N}} \subset \ell^2(X)$ をコーシー列とします.集合 $S \subset X$ を $S = \bigcup_{n \in \mathbb{N}} \{x \in X \mid f^{(n)}(x) \neq 0\}$ とします.S の補集合上では任意の n に対して $f^{(n)} = 0$ となるので,S 上での関数値を考えれば十分です.ここで S は可算集合となるので,$S = \{x_1, x_2, \ldots\}$ として,$f^{(n)}(x_k)$ の性質を調べます.例 C.1 より,定義域を制約した関数について $f^{(n)}|_S$ は $f|_S$ に収束します.S 上以外で $f(x) = 0$ とすれば $f \in \ell^2(X)$ となり,また $f^{(n)}$ が f に収束することも分かります. □

例 C.3 2 乗可積分な関数の集合 $L_2(Q)$ は線形空間になります.$f, g \in$

$L_2(Q)$ に対して $\langle f,g \rangle = \mathbb{E}_{X \sim Q}[f(X)g(X)]$ とします．このとき $\langle f,f \rangle = 0$ であっても $f = 0$ とは限らないので，$\langle \cdot, \cdot \rangle$ は内積ではありません．また $\|f\| = (\langle f,f \rangle)^{1/2}$ はノルムの定義を満たさず，完備性は成立しません．以下，集合 $L_2(Q)$ から完備性が成り立つ空間を導出します．$f, g \in L_2(Q)$ に対して $\mathbb{E}_{X \sim Q}[\mathbf{1}[f(X) \neq g(X)]] = 0$ なら f と g は同値とし，この同値関係で $L_2(Q)$ を割った集合を $\mathcal{L}_2(Q)$ とします．$f \in L_2(Q)$ を含む同値類を $[f] \in \mathcal{L}_2(Q)$ とすると，$\langle [f], [g] \rangle$ を $\langle f, g \rangle$ と定義することができ，これは $\mathcal{L}_2(Q)$ における内積になります．さらにこの内積から定義されるノルムは完備性を満たします．したがって $\mathcal{L}_2(Q)$ はヒルベルト空間です．詳細は文献 [12] を参照してください． □

定理 C.7 [閉凸集合への射影 (projection onto closed convex set)] $(V, \langle \cdot, \cdot \rangle)$ をヒルベルト空間とし，S を V の閉凸部分集合とします．このとき，任意の $x \in V$ に対して

$$\|x - P_S(x)\| = \inf_{z \in S} \|x - z\|$$

となる $P_S(x) \in S$ が一意に存在します．また任意の $z \in S$ に対して

$$\langle x - P_S(x), z - P_S(x) \rangle \leq 0$$

が成り立ちます．

$P_S(x)$ を x の S への射影といいます．図 C.1 に $x, P_S(x)$ と $z \in S$ の位置関係を示します．

証明． $\delta = \inf_{z \in S} \|x - z\|$ とおき，$\{h_n\} \subset S$ に対して $\|x - h_n\| \to \delta \, (n \to \infty)$ とします．内積から定義されるノルムに関して，$x, y \in V$ に対して $\|x + y\|^2 + \|x - y\|^2 = 2\|x\|^2 + 2\|y\|^2$ が成り立つことが分かります．したがって

$$\|(x - h_n) + (x - h_m)\|^2 + \|(x - h_n) - (x - h_m)\|^2$$
$$= 2\|x - h_n\|^2 + 2\|x - h_m\|^2$$

と $(h_n + h_m)/2 \in S$ より

$$\|h_n - h_m\|^2 = 2\|x - h_n\|^2 + 2\|x - h_m\|^2 - 4\|x - (h_n + h_m)/2\|^2$$

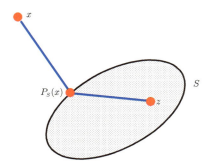

図 C.1 凸集合 S への点 x の射影 $P_S(x)$.

$$\leq 2\|x - h_n\|^2 + 2\|x - h_m\|^2 - 4\delta^2 \to 0 \ (n, m \to \infty)$$

となるので，$\{h_n\}$ はコーシー列です．よって $h_n \to h \, (n \to \infty)$ となる $h \in V$ が存在します．ここで S は閉集合なので $h \in S$ となります．$\|x - h\| \leq \|x - h_n\| + \|h_n - h\| \to \delta \, (n \to \infty)$ と $h \in S$ より $\|x - h\| = \delta$ となります．したがって，$P_S(x) = h$ とすればよいので，射影の存在が分かりました．次に一意性を示します．$h' \in S$ も $\|x - h'\| = \delta$ を満たすとします．内積から定義されるノルムの性質から

$$\|h - h'\|^2 = 2\|x - h\|^2 + 2\|x - h'\|^2 - 4\|x - (h+h')/2\|^2$$
$$\leq 2\|x - h\|^2 + 2\|x - h'\|^2 - 4\delta^2 = 0$$

より $h = h'$ となります．

任意の $z \in S$ と $\alpha \in (0, 1)$ に対して

$$\|x - P_S(x)\|^2 \leq \|x - (1-\alpha)P_S(x) - \alpha z\|^2$$
$$\iff 2\langle x - P_S(x), z - P_S(x) \rangle \leq \alpha \|P_S(x) - z\|^2$$

が成り立ちます．したがって $\|P_S(x) - z\| \neq 0$ のときは $\alpha \to 0$ とすることで，$\langle x - P_S(x), z - P_S(x) \rangle \leq 0$ が得られます． $\square$

S が閉部分空間のときは，$\{z - P_S(x) | z \in S\}$ は S に一致します．よって $\pm z \in S$ に対して $\langle x - P_S(x), \pm z \rangle \leq 0$ となることから，任意の $z \in S$ に対して $\langle x - P_S(x), z \rangle = 0$ となります．したがって，$x - P_S(x)$ は S の直交補

空間
$$V^\perp = \{v \in V \mid 任意の\ z \in S\ に対して\ \langle v, z \rangle = 0\}$$
の要素です．以上より
$$x = y + z, \quad y \in S, z \in S^\perp$$
と一意に直交分解できます．以上より次の定理が得られました．

定理 C.8 (閉部分空間への射影 (projection onto closed hyperplane)) $(V, \langle \cdot, \cdot \rangle)$ をヒルベルト空間とし，S を V の閉部分空間とします．このとき，任意の $x \in V$ は，
$$x = y + z, \quad y \in S, z \in S^\perp$$
と一意に直交分解できます．ここで $y = P_S(x)$ です．

　直交補空間の定義より，$\|x\|^2 = \|y\|^2 + \|z\|^2$ となります．閉部分空間への射影定理は，表現定理 (定理 4.10) の証明に用いられます．

Bibliography

参考文献

[1] P. L. Bartlett, M. Jordan, and J. D. McAuliffe. Convexity, classification, and risk bounds. *Journal of the American Statistical Association*, 101:138–156, 2006.

[2] P. L. Bartlett and A. Tewari. Sparseness vs estimating conditional probabilities: Some asymptotic results. *Journal of Machine Learning Research*, 8:775–790, Apr 2007.

[3] T. Kanamori, T. Takenouchi, S. Eguchi, and N. Murata. Robust loss functions for boosting. *Neural Computation*, 19(8):2183–2244, 2007.

[4] M. Mohri, A. Rostamizadeh, and A. Talwalkar. *Foundations of Machine Learning*. The MIT Press, 2012.

[5] I. Steinwart. On the optimal parameter choice for ν-support vector machines. *IEEE Transactions on Pattern Analysis and Machine Intelligence*, 25(10):1274–1284, 2003.

[6] I. Steinwart. Sparseness of support vector machines. *Journal of Machine Learning Research*, 4:1071–1105, 2003.

[7] I. Steinwart. Consistency of support vector machines and other regularized kernel classifiers. *IEEE Transactions on Information Theory*, 51(1):128–142, 2005.

[8] I. Steinwart and A. Christmann. *Support Vector Machines*. Information Science and Statistics. Springer, 2008.

[9] A. Tewari and P. L. Bartlett. On the consistency of multiclass classification methods. *Journal of Machine Learning Research*, 8:1007–1025, May 2007.

[10] T. Zhang. Statistical analysis of some multi-category large margin classification methods. *Journal of Machine Learning Research*,

5:1225–1251, 2004.

[11] 杉山将. 機械学習のための確率と統計. 講談社, 2015.

[12] 谷島賢二. ルベーグ積分と関数解析. 朝倉書店, 2002.

[13] 福水健次. カーネル法入門. 朝倉書店, 2010.

[14] 福島雅夫. 線形最適化の基礎. 朝倉書店, 2001.

索引

あ行

アダブースト (adaboost) 112
アフィン包 (affine hull) –159
一様大数の法則 (uniform law of large numbers) —32
一般化線形モデル (generalized linear models) —— 117

か行

カーネル
　ガウシアン— (Gaussian kernel)——**59**, 73
　指数— (exponential kernel)————73
　線形— (linear kernel) –59
　多項式— (linear kernel) 59
　2項— (binomial kernel) 73
　普遍— (universal kernel) 73
カーネル関数 (kernel function)————57
回帰問題 (regression problem)————5
確率オーダー (stochastic order)————16
仮説 (hypothesis)———3
仮説集合 (hypothesis set) 3
可測関数 (measurable function)———— 169
完備化 (completion) — 62
完備性 (completeness) — 62, **170**
完備ノルム空間 (complete normed vector space) 62
狭義順序保存特性 (strictly order preserving property)————135
強双対性 (strong duality) 166
曲線下面積 (area under the curve, AUC)————11
グラム行列 (Gram matrix) 57
経験ラデマッハ複雑度 (empirical Rademacher complexity)————25
KKT条件 (KKT conditions)———— 168
決定株 (decision stump) **31**, 114
コーシー列 (Cauchy sequence)———— 170
誤差
　重み付き経験判別— (weighted empirical classification error) 112
　近似— (approximation error)————17
　経験多値マージン判別— (empirical multiclass margin classification error)———— 127
　経験判別— (empirical classification error) 7
　経験マージン判別— (empirical margin classification error) **100**
　推定— (estimation error) 17
　ベイズ— (Bayes error) – 9
　予測判別— (predictive classification error) 7

さ行

最小距離問題 (minimum distance problem) 102
再生核 (reproducing kernel) 65
再生核ヒルベルト空間 (reproducing kernel Hilbert space)———— 65
再生性 (reproducing property)————61
座標降下法 (coordinate descent method) — 115
サポートベクトル (support vector)————84
サポートベクトル比 (fraction of support vectors) **87**, 100
サポートベクトルマシン
　C-— (C-support vector machine)————**79**, 81
　ν-— (ν-support vector machine)————**79**, **97**
サポートベクトルマシン (support vector machine, SVM)——79
実行可能 (feasible)———— 165
実行可能解 (feasible solution)———— 165
実効定義域 (effective domain)———— 162
実行可能領域 (feasible region)———— 165
射影
　閉凸集合への— (projection onto closed convex set)———— 174
　閉部分空間への— (projection onto closed hyperplane) 176
射影 (projection)————159
弱学習アルゴリズム (weak learner)———— 110
弱仮説 (weak hypothesis) 110
弱双対性 (weak duality) 166
弱判別器 (weak classifier) 110
修正ニュートン法 (modified Newton method) – 119
集団学習 (ensemble learning)———— 110

Index

縮小凸包 (reduced convex hull) —— 102
受信者操作特性曲線 (receiver operating characteristic curve, ROC curve) —— 11
主問題 (primal problem) 165
順序保存特性 (order preserving property) 135
スレイター制約想定 (Slater's constraint qualification) – 82, **166**
正則化 (regularization) —— 18
線形判別器 (linear classifier) 23
線形モデル (linear model) 54
双線形 (bilinear) —— 60
相対的内点 (relative interior) 159
双対問題 (dual problem) 166
損失
 1 対他— (one versus all loss) —— 139
 経験— (empirical loss) 7
 経験 ϕ— (empirical ϕ-loss) —— 38
 経験 Φ_ρ-多値マージン— (empirical Φ_ρ-multiclass marginloss) —— 128
 経験 Φ_ρ-マージン— (empirical Φ_ρ-margin loss) —— 105
 予測 Ψ— (empirical Ψ-loss) —— 132
 識別モデル— (discriminative model loss) —— 140
 2 乗— (squared loss) — 5
 2 乗ヒンジ— (squared hinge loss) —— 48
 指数— (exponential loss) **39**, 46, 114
 制約つき比較— (constrained comparison loss) 139
 0-1— (0-1 loss) —— 4
 0-1 マージン— (0-1 margin loss) —— 38
 多値マージン— (multiclass margin loss) —— 135
 (多値判別における) 判別適合的— (classification calibrated loss) – 134
 判別適合的— (classification calibrated loss) —— 42
 ヒンジ— (hinge loss) – **39**, 47
 ペア比較— (pairwise comparison loss) 137
 マージン— (margin loss) 38
 予測— (predictive loss) 7
 予測 ϕ— (predictive ϕ-loss) —— 38
 予測 Φ_ρ-多値マージン— (predictive Φ_ρ-multiclass margin loss) —— 127
 予測 Φ_ρ-マージン— (predictive Φ_ρ-margin loss) – 105
 予測 Ψ— (predictiveΨ-loss) 132
 ランプ— (ramp loss) – **51**, 88
 ロジスティック— (logistic loss) —— **39**, 47, 117
損失関数 (loss function) — 3

た行

対称非負定値性 (non-negative definiteness) —— 57
多値マージン (multiclass margin) —— 127
単体 (simplex) —— 159
定理
 超平面分離 (hyperplane separation theorem) 161
 ミニマックス— (min-max theorem) 82, 99, **166**
 ラドンの— (Radon's theorem) —— 24
 リース・フィッシャーの— (Riesz-Fischer's theorem) —— 171
 ルベーグの優収束— (Lebesgue's dominated convergence theorem) —— 169
データ
 学習— (training data) – 2
 観測— (observed data) 2
 検証— (validation data) 2
 出力— (output data) — 3
 データ (data) —— 2
 テスト— (test data) — 2
 入力— (input data) — 3
統計的一致性 (statistical consistency) — **14**, 93, 145
統計的学習理論 (statistical learning theory) — 3
凸関数 (convex function) 162
凸関数の連続性 (continuity of convex functions) – 163
凸集合 (convex set) —— 158
凸包 (convex hull) 24, **158**
凸和 (convex sum) —— 158

な行

内積 (inner product) —— 172
内積空間 (inner product space) —— 171
ニュートン法 (Newton's method) —— 119
入力空間 (input space) — 3
ノルム (norm) —— 170
ノルム空間 (normed vector space) —— 170

は行

バギング (bagging) —— 111
バナッハ空間 (Banach space) 62, **170**
反復再重み付け最小 2 乗法

(iteratively reweighted least squares method, IRLS method) —— 119
判別関数 (discriminant function) ———— 3
判別器 (classifier) ———— 3
判別適合性定理
　多値判別の——
　　(classification-calibration theorem for multiclass classification) —— 134
　凸マージン損失の——
　　(classification-calibration theorem for convex margin loss) ————45
　マージン損失の——
　　(classification-calibration theorem for margin loss) ——49
判別問題
　多値—— (multiclass classification problem) ———— 4
　2 値—— (binary classification problem) ———— 3

判別問題 (classification problem) ———— 3
1 つ抜き交差確認法 (leave-one-out cross validation) ————87
表現定理 (representer theorem) ————69
ヒルベルト空間 (Hilbert space) ———— 62, **172**
VC 次元 (VC dimension) 20, **21**
ブースティング (boosting) 112
不等式
　アズマの—— (Azuma's inequality) ———— 156
　コーシー・シュワルツの—— (Cauchy-Schwarz inequality) ———— 172
　ヘフディングの—— (Hoeffding's inequality) —— 15, **154**
　マクダイアミッドの—— (McDiarmid's inequality) —— 33, **157**
ベイズ規則 (Bayes rule) —— 9
補題
　サウアーの—— (Sauer's

lemma) ————21
　タラグランドの—— (Talagrand's lemma) **26**, 35
　ヘフディングの—— (Hoeffding's lemma) 153
　マサールの—— (Massart's lemma) —— 29, **155**

ま行

マージン (margin) ———— 37
目的関数 (objective function) ———— 165

ら行

ラグランジュ関数 (Lagrange function) ——82, 98, **165**
ラデマッハ複雑度 (Rademacher complexity) ————26
ラベル (label) ———— 3
ランキング問題 (ranking problem) ———— 5
率
　偽陽性—— (false positive rate) ————11
　真陽性—— (true positive rate) ————11

著者紹介

金森敬文（かなもりたかふみ）　博士（学術）
現　在　東京工業大学 情報理工学院 教授
　　　　理化学研究所 革新知能統合研究センター チームリーダー（兼任）

NDC007　189p　21cm

機械学習プロフェッショナルシリーズ
統計的学習理論（とうけいてきがくしゅうりろん）

2015年8月7日　第1刷発行
2022年6月2日　第6刷発行

著　者　金森敬文（かなもりたかふみ）
発行者　髙橋明男
発行所　株式会社　講談社
　　　　〒112-8001　東京都文京区音羽2-12-21
　　　　　　販売　(03)5395-4415
　　　　　　業務　(03)5395-3615

編　集　株式会社　講談社サイエンティフィク
　　　　代表　堀越俊一
　　　　〒162-0825　東京都新宿区神楽坂2-14　ノービィビル
　　　　　　編集　(03)3235-3701

本文データ制作　藤原印刷株式会社
印刷・製本　株式会社　KPSプロダクツ

落丁本・乱丁本は，購入書店名を明記のうえ，講談社業務宛にお送りください．送料小社負担にてお取替えします．なお，この本の内容についてのお問い合わせは，講談社サイエンティフィク宛にお願いいたします．定価はカバーに表示してあります．

© Takafumi Kanamori, 2015

本書のコピー，スキャン，デジタル化等の無断複製は著作権法上での例外を除き禁じられています．本書を代行業者等の第三者に依頼してスキャンやデジタル化することはたとえ個人や家庭内の利用でも著作権法違反です．

JCOPY　〈(社)出版者著作権管理機構 委託出版物〉
複写される場合は，その都度事前に(社)出版者著作権管理機構（電話 03-5244-5088，FAX 03-5244-5089，e-mail: info@jcopy.or.jp）の許諾を得てください．

Printed in Japan
ISBN 978-4-06-152905-2

講談社の自然科学書

ディープラーニング 学習する機械	Y. ルカン／著 松尾豊／監訳 小川浩一／訳	定価 2,750 円
ディープラーニングと物理学	田中章詞・富谷昭夫・橋本幸士／著	定価 3,520 円
これならわかる機械学習入門	富谷昭夫／著	定価 2,640 円
できる研究者の論文生産術	P. J. シルヴィア／著 高橋さきの／訳	定価 1,980 円
できる研究者の論文作成メソッド	P. J. シルヴィア／著 高橋さきの／訳	定価 2,200 円
できる研究者になるための留学術	是永淳／著	定価 2,420 円
できる研究者のプレゼン術	J. シュワビッシュ／著 高橋佑磨・片山なつ／監訳 小川浩一／訳	定価 2,970 円
PowerPointによる理系学生・研究者のためのビジュアルデザイン入門	田中佐代子／著	定価 2,420 円
英語論文ライティング教本	中山裕木子／著	定価 3,850 円
添削形式で学ぶ科学英語論文 執筆の鉄則51	斎藤恭一／著	定価 2,530 円
できる研究者の科研費・学振申請書 採択される技術とコツ	科研費.com／著	定価 2,640 円
学振申請書の書き方とコツ 改訂第2版	大上雅史／著	定価 2,750 円
ネイティブが教える 日本人研究者のための英文レター・メール術	A. ウォールワーク／著 前平謙二・笠川梢／訳	定価 3,080 円
ProcessingによるCGとメディアアート	近藤邦雄・田所淳／編	定価 3,520 円
ベイズ推論による機械学習入門	杉山将／監修 須山敦志／著	定価 3,080 円
これならわかる深層学習入門	瀧雅人／著	定価 3,300 円
Pythonで学ぶ強化学習 改訂第2版	久保隆宏／著	定価 3,080 円
ゼロからつくるPython機械学習プログラミング入門	八谷大岳／著	定価 3,300 円
問題解決力を鍛える！アルゴリズムとデータ構造	大槻兼資／著 秋葉拓哉／監修	定価 3,300 円
しっかり学ぶ数理最適化	梅谷俊治／著	定価 3,300 円
意思決定分析と予測の活用	馬場真哉／著	定価 3,520 円
ゼロから学ぶPythonプログラミング	渡辺宙志／著	定価 2,640 円
Pythonで学ぶ実験計画法入門	金子弘昌／著	定価 3,300 円
PythonではじめるKaggleスタートブック	石原祥太郎・村田秀樹／著	定価 2,200 円
RとStanではじめる ベイズ統計モデリングによるデータ分析入門	馬場真哉／著	定価 3,300 円
データ分析のためのデータ可視化入門	K. ヒーリー／著 瓜生真也・江口哲史・三村喬生／訳	定価 3,520 円
ゼロからはじめるデータサイエンス入門	辻真吾・矢吹太朗／著	定価 3,520 円
Pythonではじめるテキストアナリティクス入門	榊剛史／編著 石野亜耶・小早川健・坂地泰紀・嶋田和孝・吉田光男／著	定価 2,860 円
Rではじめる地理空間データの統計解析入門	村上大輔／著	定価 3,080 円
Juliaで作って学ぶベイズ統計学	須山敦志／著	定価 2,970 円

※表示価格には消費税（10%）が加算されています。　「2022年5月現在」

講談社サイエンティフィク　https://www.kspub.co.jp/

明日を切り拓け！ 挑戦はここから始まる。

機械学習プロフェッショナルシリーズ

MLP

杉山 将・編

理化学研究所 革新知能統合研究センター センター長
東京大学大学院新領域創成科学研究科 教授

新刊

深層学習 改訂第2版
岡谷 貴之・著
384頁・定価 3,300円
978-4-06-513332-3

ベイズ深層学習
須山 敦志・著
272頁・定価 3,300円
978-4-06-516870-7

機械学習のための確率と統計
杉山 将・著
127頁・定価 2,640円
978-4-06-152901-4

機械学習のための連続最適化
金森 敬文／鈴木 大慈／竹内 一郎／佐藤 一誠・著
351頁・定価 3,520円
978-4-06-152920-5

確率的最適化
鈴木 大慈・著
174頁・定価 3,080円
978-4-06-152907-6

劣モジュラ最適化と機械学習
河原 吉伸／永野 清仁・著
184頁・定価 3,080円
978-4-06-152909-0

統計的学習理論
金森 敬文・著
189頁・定価 3,080円
978-4-06-152905-2

グラフィカルモデル
渡辺 有祐・著
183頁・定価 3,080円
978-4-06-152916-8

強化学習
森村 哲郎・著
320頁・定価 3,300円
978-4-06-515591-2

ガウス過程と機械学習
持橋 大地／大羽 成征・著
256頁・定価 3,300円
978-4-06-152926-7

サポートベクトルマシン
竹内 一郎／烏山 昌幸・著
189頁・定価 3,080円
978-4-06-152906-9

スパース性に基づく機械学習
冨岡 亮太・著
191頁・定価 3,080円
978-4-06-152910-6

トピックモデル
岩田 具治・著
158頁・定価 3,080円
978-4-06-152904-5

オンライン機械学習
海野 裕也／岡野原 大輔／得居 誠也／徳永 拓之・著
168頁・定価 3,080円
978-4-06-152903-8

オンライン予測
畑埜 晃平／瀧本 英二・著
163頁・定価 3,080円
978-4-06-152922-9

ノンパラメトリックベイズ
点過程と統計的機械学習の数理
佐藤 一誠・著
170頁・定価 3,080円
978-4-06-152915-1

変分ベイズ学習
中島 伸一・著
159頁・定価 3,080円
978-4-06-152914-4

関係データ学習
石黒 勝彦／林 浩平・著
180頁・定価 3,080円
978-4-06-152921-2

統計的因果探索
清水 昌平・著
191頁・定価 3,080円
978-4-06-152925-0

バンディット問題の理論とアルゴリズム
本多 淳也／中村 篤祥・著
218頁・定価 3,080円
978-4-06-152917-5

ヒューマンコンピュテーションとクラウドソーシング
鹿島 久嗣／小山 聡／馬場 雪乃・著
127頁・定価 2,640円
978-4-06-152913-7

データ解析におけるプライバシー保護
佐久間 淳・著
231頁・定価 3,300円
978-4-06-152919-1

異常検知と変化検知
井手 剛／杉山 将・著
190頁・定価 3,080円
978-4-06-152908-3

生命情報処理における機械学習
多重検定と推定量設計
瀬々 潤／浜田 道昭・著
190頁・定価 3,080円
978-4-06-152911-3

ウェブデータの機械学習
ダヌシカ ボレガラ／岡﨑 直観／前原 貴憲・著
186頁・定価 3,080円
978-4-06-152918-2

深層学習による自然言語処理
坪井 祐太／海野 裕也／鈴木 潤・著
239頁・定価 3,300円
978-4-06-152924-3

画像認識
原田 達也・著
287頁・定価 3,300円
978-4-06-152912-0

音声認識
篠田 浩一・著
175頁・定価 3,080円
978-4-06-152927-4

＊表示価格は消費税（10%）が加算されています。

［2022年5月現在］

講談社サイエンティフィク　https://www.kspub.co.jp/

Machine Learning Professional Series